U0395624

"十三五"国家重点图书

当代化工学术精品丛书·原创

强化冷凝传热界面调控技术

Surface Modification for Condensation Heat Transfer Enhancement

张 莉 徐 宏 主编

华东理工大学出版社
EAST CHINA UNIVERSITY OF SCIENCE AND TECHNOLOGY PRESS

·上海·

图书在版编目(CIP)数据

强化冷凝传热界面调控技术/张莉,徐宏主编.—
上海:华东理工大学出版社,2017.12
(当代化工学术精品丛书.原创)
ISBN 978 - 7 - 5628 - 4899 - 8

Ⅰ.①强…　Ⅱ.①张…②徐…　Ⅲ.①传热-界面-
调控　Ⅳ.①TK124

中国版本图书馆 CIP 数据核字(2016)第 320251 号

内 容 提 要

全书共分六章,第 1 章为绪论,系统介绍了冷凝传热的分类、强化冷凝传热原理及技术;第 2 章为促进滴状冷凝的表面强化方法;第 3 章具体阐述了基于分形理论的竖壁平板表面通用冷凝传热模型;第 4 章是螺旋形变管强化冷凝传热特性;第 5 章为纵槽管强化冷凝传热特性;第 6 章系统地介绍了内波外螺纹管管内冷凝强化性能及不凝气体的影响。

本书可作为高等学校化工、石化、热能动力、化工设备等相关专业本科生、研究生的学习指导书,可供从事传热、节能、换热设备工作的专家、工程师以及研究院所的设计人员参考使用。

项目统筹 / 马夫娇
责任编辑 / 韩　婷　马夫娇
装帧设计 / 靳天宇
出版发行 / 华东理工大学出版社有限公司
　　　　　　地址:上海市梅陇路 130 号,200237
　　　　　　电话:021 - 64250306
　　　　　　网址:www.ecustpress.cn
　　　　　　邮箱:zongbianban@ecustpress.cn
印　　刷 / 上海中华商务联合印刷有限公司
开　　本 / 710 mm×1000 mm　1/16
印　　张 / 13.75
字　　数 / 237 千字
版　　次 / 2017 年 12 月第 1 版
印　　次 / 2017 年 12 月第 1 次
定　　价 / 88.00 元

前　言

冷凝现象广泛存在于工业领域和自然界中,它是石油化工、发电、能源动力、制冷空调和节能等领域中重要的换热过程之一。蒸气的冷凝模式与表面特性息息相关,根据冷凝液与冷凝表面的润湿程度可分为膜状冷凝和滴状冷凝。实现滴状冷凝是强化冷凝传热的最理想途径,其冷凝传热系数比膜状冷凝高一个数量级以上。膜状冷凝时,壁面总是被一层液膜覆盖,液膜层为传热的主要热阻。因此强化冷凝传热的途径主要有两种,即形成滴状冷凝和尽量减薄液膜厚度。

本书针对上述两种强化冷凝传热的途径来组织内容框架,作者在研究表界面特性与冷凝传热之间关联机制的基础上,发明了多种表面改性强化冷凝新技术,并对各种强化技术的适用性进行了评价。主要内容包括表面合金复合镀渗、表面自身纳米晶化、表面微纳结构修饰等促进滴状冷凝的表面改性技术;表面螺旋扭曲、开纵槽、内波外螺纹等改变流体流态、改善冷凝液膜分布的界面异形化强化冷凝技术,以及多种冷凝传热模型和传热关联式的建立方法,阐明了各种强化冷凝传热技术的机理。与其他同类强化传热技术的书籍相比,本书首次将界面调控这一提法引入强化传热技术领域,聚焦通过传热界面改性方法强化冷凝传热技术及应用的介绍。

本书是在作者所在研究团队的老师、研究生的大力协助下完成的,书中所涉及的内容根据近十年来研究团队指导的博士后、博士和硕士论文工作汇总编写而成,包括侯峰、廖礼宝、齐宝金、朱登亮、杨胜、李东、任彬等,在此向他们一并表示感谢。还要感谢在成书过程中进行图表等整理工作的储华龙、叶骠、吴浩等。全书由张莉、徐宏统稿。

由于作者水平有限,且强化传热技术发展迅速,创新不断,书中的不妥之处在所难免,恳请读者不吝批评、指正。

张　莉

2017 年 2 月于华东理工大学

主要符号说明

A	截面尺寸,mm		h_L	局部传热系数,W·m^{-2}·K^{-1}
$\bar{A}$	液滴覆盖总面积,m^2		h_o	外螺纹高度;管外传热系数,
A_k	第 k 代单个液滴冷凝面积,m^2			W·m^{-2}·K^{-1}
$A(r)$	半径大于 r 的液滴覆盖的面积份额		h_{oe}	椭圆管外冷凝传热系数,W·m^{-2}·K^{-1}
A_{sl}	液滴与壁面接触面积,m^2		h_{os}	圆管外冷凝传热系数,W·m^{-2}·K^{-1}
Bo	邦德(Bond)数		H_s	除液盘间距;有效长度
c_i	系数		k	总传热系数,W·m^{-2}·K^{-1}
c_o	系数		K	常数;曲率
c_{pl}	比热容,J·kg^{-1}·K^{-1}		L	有效换热长度,mm
d	圆管直径,mm		Δl	间距,mm
d_{max}	间距,mm		m	网格数,m^{-1};冷凝液量
d_i	管内径,m		m_{cw}	冷却水量,kg
d_o	管外径,m		M	质量流量;摩尔质量,g·mol^{-1}
d_B	盒维数		M_g	液滴对壁面的重力矩,N·m
d_f	分形维数		n	分布指数
D_i	线圈直径,mm		$\bar{N}$	液滴总数,m^{-2}
D_{riv}	沟流液膜宽度,mm		N_k	第 k 代液滴数目,m^{-2}
e	凹槽深度;椭圆度		N_δ	直径为 δ 分形体最少个数
E	弹性模量,MPa		N_{rk}	半径为 r_k 液滴个数,m^{-2}
$F(r)$	合并液滴通用尺寸分布函数,m^{-3}		N_s	核化中心密度,m^{-2}
$f(r)$	生长液滴通用尺寸分布函数,m^{-3}		p	节距,mm
$F(x)$	液膜的体积力		p_{sat}	饱和蒸气压
f_s	表面面积分数		P	有效面积比率
h	冷凝面传热系数,W·m^{-2}·K^{-1}		q	热通量(冷凝热流密度),W·m^{-2}
h_f	复合传热膜系数,W·m^{-2}·K^{-1}		$\dot{q}$	局部平均热流密度,W·m^{-2}
h_{fg}	汽化潜热,J·kg^{-1}		$\bar{q}$	平均热流密度
h_i	波纹高度;界面管内传热系数,		$\dot{Q}$	单位长度传热量
	W·m^{-2}·K^{-1}		Q	传热量,W;比例系数

Q_t	总传热量,W	W_a	液滴在冷凝面的黏附功,N·m^{-1}
q_t	冷凝面总热通量,W·m^{-2}	α	倾斜角,(°);冷凝系数
r	液滴半径,m;材料表面粗糙度因子	α_c	冷凝常数(无不凝气体取 1)
r_c	临界半径,m	β	螺旋角,(°)
r_k	第 k 代液滴半径,m	γ	相邻两代液滴尺度比;界面张力(表面能)
r_{max}	液滴最大半径,m		
r_{min}	液滴最小半径,m	γ^p	极性分量
r_s	短程有序范围,m	γ^d	色散分量
R	气体常数,J·K^{-1}·mol^{-1}	δ	分形体尺度,液膜厚度,m
R_{dep}	脱落直径,m	δ_L	任意位置处的液膜厚度,m
Re	雷诺数	δ_R	右侧液膜厚度
R_i	气液界面曲率半径	δ_r	液膜厚度
R_w	管壁热阻	θ	接触角,(°)
S	节距,mm	θ_A	前进角,(°)
t	时间	θ_c	复合接触面上的表观接触角,(°)
t_s	液滴脱落周期,s	θ_C	Cassie 接触角
t_c	液滴生长周期,s	θ_e	平衡接触角,(°)
t_{tot}	整个停留周期,s	θ_R	后退角,(°)
t_{co}	液滴合并周期,s	θ_w	Wenzel 接触角(表观接触角),(°)
T_{sat}	饱和蒸气温度,K	θ_Y	本征接触角,(°)
T_{cwi}	冷却水进口温度,K	λ	热导率,W·m^{-1}·K^{-1}
T_{cwo}	冷却水出口温度,K	λ_l	液体热导率,W·m^{-1}·K^{-1}
T_i	测点温度,K	λ_w	管壁热导率,W·m^{-1}·K^{-1}
T_w	壁面温度,K	μ	动力黏度,kg·m^{-1}·s^{-1}
ΔT	蒸气与冷凝表面总温差(过冷度),K	V	液滴体积,m^3
ΔT_c	气液交界面曲率相关热阻产生的温差,K	ρ_l	冷凝液(液体)的密度,kg·m^{-3}
ΔT_d	液滴导热热阻产生的温差,K	ρ_v	蒸气的密度,kg·m^{-3}
ΔT_i	气液相界面传热热阻产生的温差,K	σ	表面自由能,N·m^{-1}
ΔT_{LMTD}	对热传热温差,K	$\Delta\sigma$	冷凝表面自由能差,N·m^{-1}
ΔT_p	滴状冷凝促进层导热热阻产生的温差,K	σ_{lv}	气液界面张力,N·m^{-1}
u	蒸气流速,m/s	τ	冷凝面液滴代数
V	液滴体积,m^3;蒸气质量体积,m^3·kg^{-1}	φ_s	液固接触面积占液滴覆盖面积的百分数
W	液滴脱落克服总功,J	ζ	厚度

目　　录

第 1 章

绪　论

1.1　冷凝传热分类

蒸气的冷凝有时也称为蒸气的凝结,是指当蒸气与低于其饱和温度的表面相接触时,蒸气释放出潜热而冷凝成液相的过程。

1. 根据换热方式分类

按照不同的换热方式冷凝可分为:膜状冷凝、均匀冷凝、滴状冷凝、直接接触式冷凝、不混合工质冷凝,如图 1-1 所示。

(a) 膜状冷凝　(b) 均匀冷凝　(c) 滴状冷凝　(d) 直接接触式冷凝　(e) 不混合工质冷凝

图 1-1　冷凝方式示意

膜状冷凝,发生在易于湿润的冷却壁面上,冷凝液润湿表面并形成一层完整的流动液膜。膜状冷凝的研究较为广泛和深入,在工业设备中也最为常见。

均匀冷凝,蒸气凝结成微小液滴,悬浮在气相中,形成雾状流体,又称雾状冷凝。均匀冷凝是自然界中最常见的一种凝结现象。

滴状冷凝,发生在不易润湿的冷却壁面上,冷凝液不能完全润湿表面,冷凝液呈许多大小不一、分散的液滴。相对于膜状冷凝,滴状冷凝是一种高效的换热方式,其冷凝传热系数比膜状冷凝要提高 1～2 个数量级。

直接接触式冷凝,这种冷凝现象发生在蒸气和冷液体直接接触时,可以在冷液体喷入蒸气中时产生,也可以在蒸气喷入冷液体中时发生。

不混合工质冷凝,多种蒸气混合物凝结成各种不混溶液体时,会出现不混溶工质的冷凝现象。通常是一种液体凝结成液膜，另一种液体凝结成液滴。

2. 根据冷却壁面特点分类

按照冷却壁面的特点分类，可分为管外冷凝和管内冷凝两种。根据管子布置方式的不同，管内冷凝和管外冷凝又可分为垂直式和水平式两种。大多数冷凝器采用水平式管外凝结，此时管内管外换热系数都较高，所以总传热系数高，此外蒸气压力损失小，也容易排出不凝性气体。对于以空气为冷却介质的都采用管内冷凝，而在管外采用扩展表面，以提高空气侧的传热系数。

1.2 强化冷凝传热原理和方法

1. 滴状冷凝的强化机理

传统的蒸气冷凝形态的判别以静态接触角（又称为 Young 接触角）为依据，认为接触角 θ 小于 90°时为膜状冷凝；反之为滴状冷凝。然而，实验发现冷凝液与壁面静态接触角在一定范围内时，蒸气冷凝形态是介于完全的膜状与滴状之间的，以膜状冷凝与滴状冷凝共同存在的混合冷凝状态存在，称为滴膜共存冷凝。该冷凝形态受冷凝表面的物理化学性质及过冷度、热通量等因素影响较大，是一种可以向滴状冷凝或膜状冷凝转变的非稳定冷凝形态。

由于固体表面的非理想性，液体在其表面流动会产生接触角滞后现象。一些学者认为以平衡接触角作为冷凝形态的判据更为合理，但在实际应用中并不方便，Min 和 Webb 等提出了以液滴在冷凝面上的后退角大于 40°作为滴状冷凝发生与否的判据。岳丹婷等则认为只要液滴的静态接触角大于150°，就能在冷凝面上获得稳定滴状冷凝。曹治觉等从热力学角度通过比较同体积的球形液滴与球冠形液滴的化学势得出滴状冷凝的最小接触角为70.67°，并指出该值是能够实现滴状冷凝的最小接触角，在 70.67° $<\theta<$ 90°的小接触角范围内出现部分滴状冷凝是可能的，在此范围内 θ 越接近 90°越容易形成 Brown 凝并，当 θ 接近 70.67°时 Brown 凝并困难且易形成膜状冷凝。

基于固液两相间表面能差及固液界面流动特性，马学虎等提出冷凝形态划分和冷凝传热强化的新思路，认为一定的表面过冷度下冷凝传热特性随冷凝液与冷凝表面自由能差 $\Delta\sigma$ 的变化关系应存在两个临界值。当 $\Delta\sigma$ 小于第一临界值时，冷凝形态为传统的膜状冷凝；当 $\Delta\sigma$ 大于第二临界值时，冷凝形态为完美的滴状冷凝,其传热性能远远优于膜状冷凝;在两个临界值之间的过渡段内冷凝传热特性应该是渐进变化的,而非到第二临界点处发生突变,如图 1-2 所示。相应地,冷凝形态也将从开始的膜状冷凝开始、经过滴膜共存混合冷凝形式,最后转变为完全的滴状冷凝。

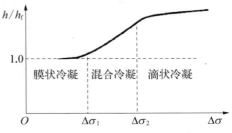

图 1-2　表面自由能差对蒸气冷凝传热的影响

2. 膜状冷凝的强化原则

尽量减小液膜层的厚度,这是强化膜状冷凝的原则。热阻取决于通过液膜层的导热。因此,尽量减小液膜层的厚度也是强化膜状冷凝的基本手段。为此可以从两个方面着手:减薄蒸气冷凝时直接黏滞在固体表面上的液膜;及时将传热表面上产生的冷凝液排走,避免其积存在传热表面上而进一步使液膜加厚。

1.3　表面改性强化冷凝技术

蒸气在固体表面上形成滴状冷凝的必要条件是该表面有较低的表面能,实验研究也证明,具有较低表面能的表面可以很好地促进滴状冷凝的形成。工业冷凝器大多由普通金属材质制成,其表面能较高且接触角较小,难以形成滴状冷凝。而要实现滴状冷凝,可以对冷凝表面进行改性,通过降低表面自由能来实现。

1. 复合沉积法

复合沉积法是将低表面能物质复合沉积在金属表面上,形成低表面能表面,降低金属表面的表面能,使蒸气在金属表面上形成滴状冷凝。何平等应用这种技术,以黄铜管和碳钢管为原料,分别采用不同工艺条件下的复合沉积过程,使表面沉积了低表面能的聚四氟乙烯(PTFE)复合沉积层,实现了蒸气滴状冷凝。在雷诺数 Re 为 $(1 \sim 9) \times 10^4$ 时,复合沉积聚四氟乙烯表面的铜管表面总传热系数较膜状冷凝时提高 $2 \sim 3$ 倍,碳钢管表面总传热系数较膜状冷凝时提高 $1 \sim 3$ 倍。

2. 化学气相沉积

化学气相沉积(Chemical Vapor Deposition,CVD)是利用气相化合物分子携带所要沉积的原子,在一定条件下使化合物分解,并在基底上形成特定的沉积层,其包括表面吸附、配合基(如—H 和—CH$_3$ 等)的热解或还原丢失和原子的沉积等过程。Koch 采用等离子体增强的 CVD 技术,在铜基上制备无定形氢化处理碳膜层,并实现水蒸气滴状冷凝随膜层制备条件的不同,其表面接触角为 65°～90°。冷凝传热系数比膜状冷凝提高 3.5～11 倍;由于该膜层具有类似金刚石的机械性能,在连续使用 500 h 后,滴状冷凝状态仍很稳定。

3. 离子束动态混合注入

离子束动态混合注入(Dynamic Ion-beam Mixed Implantation, DIMI)是依靠载能的离子束、电子束和原子束与基体金属表面发生原子碰撞等同步相互作用,使材料表面层的结构、成分和化合价等发生变化,从而达到表面改性的目的。Rausch 等利用离子束注入技术将 N^+ 植入钛表面,促进滴状冷凝,冷凝传热系数比 Nusselt 膜状冷凝理论值提高 5.5 倍。Rausch 还研究了不锈钢表面 N^+ 的植入,结果使传热系数比 Nusselt 膜状冷凝理论值提高 3.2 倍。赵起对离子束注入的元素及实验条件进行了研究,发现操作条件对实验结果影响较大。杜长海用离子束动态混合注入技术,在黄铜管表面上制备了超薄聚四氟乙烯薄膜,并实现水蒸气在常压下的滴状冷凝,冷凝热通量比膜状冷凝提高 1.5～7 倍,传热系数比膜状冷凝提高 3～22 倍,滴状冷凝在较小的传热温差下具有较好的传热性能。但 DIMI 技术制备成本较高,不适于工业推广应用。

4. 分子自组装膜

分子自组装单层膜(Self Assembled Monolayer, SAM)是分子通过化学键作用,自发地吸附在固体表面上而形成热力学稳定有序膜。自组装膜的活性剂分子可分为三部分:(1) 头端基团,其通过化学键吸附钉扎于基底表面的特殊位置,使分子与基底有较强的相互作用;(2) 烷烃链或衍生基团,分子链间依靠范德瓦尔斯力相互作用;(3) 末端基团,即表面功能基团,分子自组装膜依靠这些功能基团的作用实现滴状冷凝。自组装膜是有序密堆的分子膜,其厚度在分子尺度量级,附加热阻极小。Das 在金和铜镍合金表面上制备出厚度仅 1.0～1.5 nm 的自组装烷烃硫醇(Alkanethiol)单分子层膜,其传热系数比膜状冷凝提高 2.7～3.6 倍。

5. 在金属表面涂有机促进剂

常用的有机促进剂有油酸、硬脂酸、链状脂肪酸类、硫醇及褐煤蜡等。将带憎水基的有机促进剂涂覆在金属表面上,由于大多数表面活性物质的分子结构具有不对称性,当这类物质与金属表面接触时,其极性端会自发朝向金属表面,从而使金属表面自由能降低,有效实现水蒸气的滴状冷凝。胡友森通过对涂 PTFE 波槽管管外滴状冷凝传热实验研究表明:在略高于大气压的条件下,25 μm 的 PTFE 波槽管管外凝结换热系数为普通波槽管的 3.81～5.99 倍;

81 μm 的涂层波槽管传热系数最大。但由于这些涂层是靠物理或者化学吸附作用与表面结合的,结合力较弱;再加上有机涂层易脱落造成污染,因此限制了其大规模的工业应用。

1.4 表面异形化强化冷凝技术

1.4.1 水平管外

1. 粗糙表面法

粗糙表面指管子和通道表面形成具有一定规律的重复肋一样的突出微元体,粗糙表面的作用通常是增强湍流度,而不是增大换热表面积。粗糙表面既可适用于任何常规换热表面,又可适用于各种扩展表面。

Spencer、Nicol 研究了粗糙表面对膜状冷凝的影响。壁面粗糙度可增加液膜的紊流度,从而强化冷凝传热。但是,当液膜流速较低、处于层流流动时,由于粗糙面淹没在层流液膜中且液膜流速缓慢,粗糙度对扰动液膜的作用不大,相反,粗糙度能滞留液膜,因此冷凝传热系数反而低于光管。

2. 扩展表面法

图 1-3 为低肋管,它是利用冷凝液的表面张力使肋片顶部的液膜减薄来强化冷凝传热的,冷凝传热系数对比光管提高了 75%~100%。低肋管的肋片间距主要由凝结液体的表面张力和蒸气对液膜的剪切力决定。用于制冷剂或其他低表面张力液体时,一般肋片密度为每厘米管长 7~14 片。低肋管一般不用于凝结水蒸气,因为水的表面张力大,在肋片间容易充满液体形成水的搭桥现象,从而降低冷凝传热系数。Briggs、Shah 等分别用实验和理论分析的方法对低肋管进行了研究,总结了冷凝传热系数的计算公式。

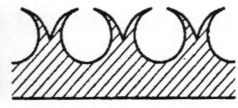

图 1-3 低肋管   图 1-4 GEWA-TXY 管

在低肋管的基础上,德国 Weiland 公司又开发出系列 GEWA 翅片管(图 1-4),它的翅片外缘呈 V 字形,其管外冷凝传热系数比低肋管稍高,一般为低肋管的 1.2~1.6 倍。从翅片形状看,低肋管和 GEWA 管均为二维结构的强化管。

图 1-5 为日本日立公司 1975 年首创的 Thermoexcel-C 管(简称 C 管),由于肋片呈锯齿形,也称锯齿形肋片管。C 管的肋片高 1.2 mm,肋片密度为每厘米管长 13.8 片肋片,锯齿凹处深度约为肋高的 40%,肋尖处很薄。C 管的冷凝传热系数是低肋管的 1.5~2 倍。其强化机理主要在于三维肋片增大了非淹没区表面张力减薄冷凝表面液膜厚度的作用,且 C 管冷凝液淹没区小于相同肋间距的低肋管,淹没区内液膜分布均匀,所以冷凝传热系数大于低肋管。

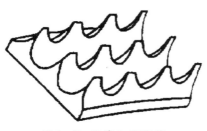

图 1-5 　C 管和 CCS 管　　　　　　　图 1-6 　花瓣形翅片管

1993 年华南理工大学化工所成功地开发出了花瓣形翅片管(图 1-6),并获得国家专利。花瓣形翅片管的翅片也是三维结构,最大特点是翅片上的锯齿槽被切割到根圆,从横截面上看像个花瓣,因而得名。在相同热流密度下,花瓣形翅片管的冷凝传热系数是光滑管的 11~18 倍。花瓣形翅片管的机械加工方法简便(每小时可加工管长 30 m 以上),易于在工业中广泛地推广应用。

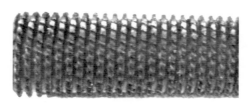

图 1-7 　菱形翅片管

图 1-7 为菱形翅片管,是一种带有周向非连续三维翅片的高效传热管,其传热强化性能优于带周向连续翅片的螺纹翅片管。当用于强化冷凝传热时,由于其三维翅片的特殊结构造成翅片表面液膜的表面张力分布不均(根部大、顶部小),液膜被拉向根部,使三维翅片表面的液膜厚度大幅度减小,热阻减小,使汽态介质和管外壁的换热能力增强,从而提高换热效果。

3. 螺纹槽管

螺纹槽管在管子内壁面和外壁面上都具有螺纹槽,可同时强化冷凝侧和冷却侧的传热。Wither 研究表明如将这种双面强化传热管用于水蒸气凝结器,则当冷却水侧阻力相同时,应用这种管子后可使凝结器的管子材料比用光管时节省 30%～50%，与光管相比冷凝侧的传热强度可提高 35%～50%。

Marto 比较了多种螺纹槽管的凝结换热效应。试验结果表明，当管子外径为 15.9 mm、螺纹节距为 9.58 mm、螺纹深度为 0.4～0.6 mm 时，螺纹槽管的凝结传热系数反而比光管低 10% 左右；只有一种螺纹管的冷凝传热系数比光管高 35%。这表明螺纹槽管主要对冷却侧产生强化传热效应，传热系数比光管高 1～3 倍，因此宜在冷却侧热阻为主要热阻时使用。

1.4.2　竖直管外

1. 纵槽管

1954 年德国学者 Gregorig 首先提出了利用表面张力来强化垂直壁面上层流膜状冷凝传热的方法，这一方法就是采用槽形竖壁结构，单面纵槽换热管（以下简称"纵槽管"）就是其中的一种形式，即在外表面开有纵向槽的垂直管，纵槽管及其横截面如图 1-8 所示。其原理是：蒸气在槽的表面凝结，冷凝液在表面张力的作用下由槽的顶部迅速流到槽的底部，然后在重力的作用下顺着纵槽流走。这种使冷凝换热表面的冷凝液非均匀分布的方法获得的平均冷凝传热系数要比均匀厚度液膜的传热系数高得多。为了能及时排走纵槽管表面的冷凝液，避免冷凝液进一步加厚，在纵槽管表面又设置了除液盘（图 1-8），使纵槽管的冷凝传热性能得到了一定程度的提高。

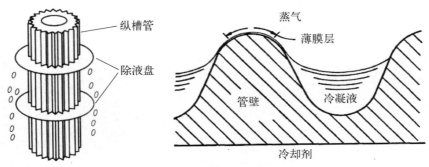

图 1-8　纵槽管及其横截面示意

Gregorig 建立了优化的槽峰曲率半径方程，但没有对槽谷的几何尺寸作出规定。继 Gregorig 之后，人们开发出了多种形式的槽，如 V 形槽、矩形槽、余弦形槽等，但是关于各种槽形的理论研究还不成熟。

2. 螺纹槽管

Newson 对垂直螺纹槽管进行过一系列试验,发现螺纹槽管在垂直布置时也能起到强化冷凝的作用。这一方面是由于螺纹槽道的作用,管壁上的冷凝液会迅速顺着螺纹槽脱离管外壁,管壁的平均液膜厚度减小。另一方面,冷却侧的对流换热也因流体的旋转而得到强化。各种螺纹槽管的传热系数都比光管高,最多可比光管高 40%～140%。

Panchal 等详细地叙述了螺纹槽管强化冷凝换热的机理:螺纹槽管增加了传热面积,其表面的几何形状使液膜产生二维流动。表面张力在整个传热过程中起到了较为重要的作用,冷凝液由表面张力拉入槽内,在管壁上形成液膜较薄的区域。冷凝传热系数随着冷凝液膜 Re 数的增加而降低,这是因为随着 Re 数的增加,沟槽中的持液量也增加,使槽峰的有效换热面积减少。当 Re 数大于 4 000 时,螺旋流产生的离心力使冷凝液脱离壁面,但同时也会有液泛现象发生。

1.4.3 水平管内

1. 微翅片管

微翅片管是通过专用机床对圆管内壁进行刻切加工而成,增大了管内传热面积,如图 1-9 所示。由于其优异的强化传热效果以及较小的压降被学者广泛研究。它主要应用在制冷行业,主要有以下两点原因:(1)翅片表面容易结垢只能用于洁净工质的冷凝;(2)其冷加工的工艺决定了其基管必须具有良好的塑性,一般情况下为铜,这就限制了它在其他行业的应用。

图 1-9 微翅片管截面图

Muzzio 等观察了微翅片管出口处的流型,主要有波状流、间歇流和环状流。他的研究团队对比了内径为 8 mm 的光管和强化管内的流型,当质量通量为 200 kg/(m² · s)、干度为 0.5、饱和温度为 40℃时,微翅片管出口处是环状流而光管则是分层流,这说明微翅片管内流型转变准则变了,尤其是环状流转变为分层流时,随后 Liebenberg 等的实验验证了这一点。

Cavallini 等指出在相同的工况下,微翅片管的传热性能是光管的 1.8~2.4 倍,而压降则为 1.2~1.8 倍。Yu 和 Koyama 等发现在相同内径时,微翅片管的传热系数是光管的 2 倍,他们认为主要是由于管内传热面积的增大。Naulboonrueng 等以 HFC - 134a 为工质研究了微翅片管强化效果,发现强化管内平均传热系数是光管的 1.1~1.85 倍。

人字形微翅片管是一种新型强化管,Olivier 等研究了人字形微翅片管与普通微翅片管中的压降性能差异,发现人字形微翅片管压降是光管的 1.79 倍,是普通微翅片管的 1.27 倍。Miyara 等发现人字形微翅片管的强化倍数最高可达 3.5,他们研究了翅片高度、螺旋角度对传热、压降的影响,认为强化原因是液膜的减薄以及上下液体的混合。

2. 螺旋波纹管

螺旋波纹管也称螺旋槽管,通过滚轧这种冷加工的方法在基管外表面形成螺旋凹槽而内表面形成螺旋凸起的异形强化管,是一种双面强化管,其主要结构参数有外螺纹高度 h_o、波纹高度 h_i、节距 p 和螺旋角 β,如图 1 - 10 所示,另外

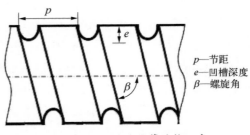

p—节距
e—凹槽深度
β—螺旋角

图 1 - 10 螺旋波纹管结构示意

凹槽形状以及螺纹头数也是重要影响参数。目前主要研究螺旋波纹管对于管内强制对流的强化作用,仅少量学者研究其对管内、外冷凝的强化。

对于管内强制对流,Yang 等研究了不同几何参数下螺旋波纹管的传热和压降特性,发现热传系数增大的倍数要低于压降增大的倍数,但强化管的综合传热性能还是要高于光管。Zimparov 研究了管内插入纽带的两种三头和两种单头螺旋波纹管的传热和压降特性,并提出了相应的关联式。Vicente 等进行了螺旋波纹管在层流、过渡流以及湍流条件下的实验,发现 Re 大于 1 400 时流态从层流变为湍流,且强化管在层流时强化效果远不如湍流时明显。Naphon 等研究了小管径螺旋波纹管内的传热及压降,发现波纹高度对传热压降的影响要比节距的影响大,并提出了自己的传热压降实验关联式。

Pethkool 等研究了不同节距和波纹高度的螺旋波纹管传热特性,发现传热系数平均增加了 123%～232%,综合传热性能最高可以达到光管的 2.3 倍。Darzi 等研究了添加纳米流体后螺旋波纹管的传热情况,发现在强化管内纳米流体的浓度对传热和压降的影响更大,尤其是在波纹高度很高时。以上学者基本都提出了自己的传热和压降关联式,但是由于管子结构参数和实验工况的不同,这些关联式往往不具备很好的通用性。

对于管外蒸气冷凝,Mehta 和 Raja Rao 研究了水蒸气在不同表面条件下的螺旋波纹管外的冷凝,他们发现强化管外的传热系数要比光管大 1.1～1.4 倍,主要和外螺纹深度有关。Zimparov 等同样研究了螺旋波纹管外的冷凝,凹槽深度为 0.44～1.8 mm、节距为 6.5～16.9 mm、螺旋角度为 68°～85°,他们得到的强化倍数和 Mehta 实验值相接近。Dreitser 等研究了以黄铜管为基管的螺旋波纹管外的冷凝,得到的强化倍数为 1.8～2.65。Fernández - Seara 和 Uhía 研究了氨蒸气在螺旋波纹管外的冷凝,发现强化管外的冷凝传热系数和光管的比较接近,管内传热系数是光管的 2.11～2.53 倍,管内压降是光管的 4～5 倍,总传热性能是光管的 1.27 倍。

对于管内蒸气冷凝,目前仅有制冷剂 R - 134a 在螺旋波纹管内的冷凝研究,且实验管内径一般都小于 10 mm。Laohalertdecha 和 Wongwises 采用的冷凝管管径为 8.7 mm,他们研究了节距为 5.08 mm、6.35 mm 及 8.46 mm,槽深为 1 mm、1.25 mm 及 1.5 mm 的螺旋波纹管内的冷凝和压降特性,结果表明:冷凝传热系数比光管最高可以提高 50%,而压降最大增大了 70%,他们还提出了冷凝传热系数以及压降的实验关联式。Khoeini 等研究了倾斜角度对 R - 134a 在螺旋波纹管内冷凝的影响,发现角度对传热系数影响较大尤其是在低流速、低干度时。干度较高时,倾斜角 $\alpha = 0°$ 和 $\alpha = -30°$ 时传热系数最大,$\alpha = +90°$ 时传热系数最小;干度较低时,倾斜角 $\alpha = +30°$ 时传热系数最大,$\alpha = -90°$ 时传热系数最小。

1.5 强化冷凝的其他技术

1.5.1 强化滴状冷凝技术

1. 添加有机促进剂

间歇或连续地向蒸汽中添加有机促进剂,可以极大地延长滴状冷凝的时间。Utaka、Hu 和 Murase 研究在水蒸气中加入乙醇的滴状冷凝,实验均获得了稳定的滴状冷凝,并且冷凝传热系数较纯净水蒸气的冷凝有较大提高。但由于冷凝表面氧化膜的生成,滴状冷凝仅维持一段时间后就转化为膜状冷凝,并且这种方法存在对蒸汽及冷凝液的污染问题,同时对冷凝表面也会产生污损和腐蚀,所以这种方法不适合广泛的工业应用,只能应用于特殊情况下。

2. 在金属表面上镀贵金属

金、银、铑、钯、钼等贵金属表面均具有优良的滴状冷凝特性,因此将其通过电镀或者化学镀镀在冷凝表面上,可以使蒸气获得良好的滴状冷凝效果。由于金具有优良的化学稳定性,镀金表面的效果最好,滴状冷凝维持时间超过12 500 h。镀金表面的滴状冷凝特性与表面碳、金的含量之比有直接关系,并且只有当镀层厚度达到 200 nm 以上时,才能形成良好的滴状冷凝。对于银镀层,其厚度为 100 nm 时,便可形成良好的滴状冷凝。由于镀贵金属的成本较高,所以这种方法仅用于实验室研究。

1.5.2 强化膜状冷凝技术

1. 管外加螺旋线圈(水平管外)

Gregorig 试验了在管外绕以金属线圈的情况下凝结时的凝结换热系数。试验管是铝质的,外直径为 38 mm,管外用直径为 2.4 mm 的金属丝以节距为9.5 mm 的方式包绕管子外壁。将 147 根这样的管子构成凝结器的管束,并测量其凝结换热系数。结果表明,凝结换热系数比光管高 2 倍左右。这是由于表面张力使凝结液流到金属丝的底部并由此流走,从而有助于液膜变薄并排出,所以凝结换热系数较高。

2. 纵向金属丝(竖直管外)

Thomas 在垂直布置的光管上设置了纵向金属丝,如图 1 - 11 所示。通过研究得出这种方法可以强化冷凝传热。研究表明,当金属丝的直径大于冷凝液膜的厚度且金属丝能被冷凝液润湿时,由于表面张力的作用,冷凝液将被拉进金属丝和管壁之间的凹陷区,形成一股细小的溪流并迅速向下流动。金属丝

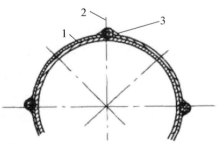

图 1 - 11 带金属丝的纵向冷凝管
1—管壁;2—金属丝;3—液膜

之间的管壁上凝结液膜相对变薄,从而使热阻减小,冷凝换热系数提高。

3. 管内插件(水平管内)

管内插件是在管内插入扰流元件,主要有线圈、弹簧和纽带。管内插件相

较于微翅片管有以下优点：（1）制造使用成本较低可以被大规模工业化应用；（2）降低传热管的结垢速率，甚至通过摩擦可以对污垢进行自清洁。但是它有一个严重的缺点制约着它在管内冷凝的应用，就是传热系数的提高缓慢，但同时又会导致很高的压降。

Agrawal 等研究了线圈对 R-22 在管内冷凝的强化作用，线圈直径 D_i 分别为 0.65 mm、1.0 mm 和 1.5 mm，节距 p 分别为 6.5 mm、10.0 mm 和 13 mm，示意如图 1-12 所示，他们发现线圈的最大强化倍数为 1。Akhavan-Behabadi 等继续了这一研究，并得到管内插入线圈的冷凝传热系数表达式。马学虎等研究了线圈对 R-113 在内翅片管内冷凝的影响，发现只有当传热温差超过 10 K 时，线圈才会对该工质的冷凝有进一步的强化作用。

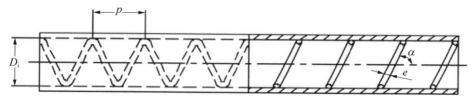

图 1-12　线圈量纲为 1 结构参数

Akhavan-Behabadi 等考察了弹簧对 R-134a 在水平管内冷凝传热的影响：节距为 10 mm 时，直径为 1.5 mm 的弹簧强化效果最佳，可以达到光管的 1.75～1.8 倍。他们还提出了预测含弹簧时管内冷凝传热系数的关联式。除此之外，他们还研究了弹簧对管内冷凝压降的影响，发现压降增加了 260%～1 600%。

Royal 和 Bergles 研究了扭带和内翅管对冷凝的强化作用，发现相较于内翅管，管内插入纽带的强化效果一般，仅能强化 30% 左右。Hejazi 等对 R-134a 在纽带管内的情况进行了冷凝实验，发现当扭率为 6 时传热系数提高了 40%，而压降增加了 240%；当扭率为 9 时，其综合性能最好。Salimpour 等研究了 R-404a 在纽带管内的冷凝，发现纽带管的传热系数对比光管最高可以提高 50%，但压降增加了 89%～239%。

1.5.3　主动强化技术

1. 表面振动法

Rabe 研究了凝结表面振动对膜状冷凝的影响。试验时使一垂直管作横向振动，当振幅为 6.35 mm、频率为 98 Hz 时，可使冷凝换热系数最大增加

55%。Dent 研究了水平凝结管振动时的凝结换热效应,表面凝结换热系数最大可增加 15%。

2. 流体振动法

Choi 研究了声振对在垂直管中向下流动的异同醇蒸气的凝结换热效应。试验时用声笛发出最大声场强度为 176 dB 的声波,频率为 50～330 Hz。试验表明,在蒸气流量较小时,可使凝结换热系数比无声场时增加 60%。因为无声振时,凝结液膜为层流流动,加上声振后可使蒸气扰动强度增加,从而使液膜产生紊流流动,传热系数增加。

3. 静电场法

Choi 研究了静电场对 R113 蒸气在环形管道外壁上凝结时的强化效应,发现当加上的最大电压为 30 kV 时,平均凝结换热系数比无电场时提高 1 倍。他还研究了静电场对 R113 蒸气在垂直管中凝结时的换热工况影响,该研究是将一根金属丝电极布置在管子中心,试验表明这种情况下也能促进凝结换热过程。

第 2 章

促进滴状冷凝的表面强化方法

2.1 表面复合渗镀强化冷凝技术

化学镀作为一种发展较早的工艺技术,因其操作简便、设备简单、镀层耐蚀和耐磨性较好等特点在工业中获得了广泛应用。目前,由于化学镀具有优秀的均匀性、硬度、耐磨和耐蚀等综合物理化学性能,该技术已得到广泛应用,目前几乎所有工业部门都在使用化学镀技术。

化学复合镀是在化学镀基础上发展起来的一种新方法,它是将一种或几种不溶性固体颗粒均匀地分散在基础镀液中,使固体颗粒与金属离子共沉积而形成各种不同物理化学性质镀层的一种表面处理技术。

化学镀镍是以次磷酸盐为还原剂,经过自催化氧化-还原反应而沉积出 Ni - P 合金镀层的工艺。化学复合镀层是表面金属基复合材料,Ni - P 合金与不溶性固体粒子之间通过机械掺杂,两者之间的相界面基本上是清晰的(不存在相互扩散),它既强化了原有基质金属镀层的性质,又对原有镀层进行了改性,因此,复合镀层的功能具有相当的自由度。近年来,随着纳米材料与纳米技术研究发展的不断深入,化学复合镀发展的主要方向是将纳米不溶颗粒引进复合镀层中,这不仅促进了纳米表面材料的研究,也扩大了复合镀的应用范围。本节将纳米 SiO_2 粒子加入化学镀液中,制备出 Ni - P -纳米 SiO_2 复合镀层,并对其强化冷凝传热性能进行了研究。

2.1.1 纳米 SiO_2 颗粒复合化学镀层制备方法

具体的化学镀液组分和施镀条件如表 2 - 1 所示。

采用片状的 $20^\#$ 碳钢作为施镀基材,试样尺寸为 $30\ mm \times 15\ mm \times 5\ mm$,在施镀之前对试样进行打磨、除油、除锈处理,具体流程如下:粗砂纸($180^\#$)打磨→细砂纸($1200^\#$)打磨→化学除油→热水洗→酸洗除锈→水洗→酸洗活化→化学镀镍磷。

表 2-1　化学镀液配方主要成分及施镀条件

镀液配方	药剂名称	分　子　式	浓　度
主　盐	硫酸镍	$NiSO_4 \cdot 6H_2O$	28 g/L
还原剂	次亚磷酸钠	$NaH_2PO_2 \cdot H_2O$	32 g/L
络合剂	柠檬酸	$C_6H_8O_7 \cdot H_2O$	25 g/L
稳定剂	碘化钾	KI	微量
缓冲剂	醋酸钠	$NaCH_3COO \cdot 3H_2O$	20 g/L

注：pH 值—4～5；温度—90℃；纳米二氧化硅浓度—1～5 g/L。

实验采用恒温水浴加热镀液，并用温控仪控制温度。首先将镀液加热到 80℃后，将活化后的试样放入镀液中，每隔 30 min 用 NaOH 溶液调节 pH 值，施镀 2 h 后，取出试样水洗后用吹风机干燥。

采用扫描电镜分析镀层表面形貌，图 2-1 为普通化学镀层，图 2-2 为纳米 SiO_2 颗粒复合化学镀层。从这两张图中可以看出，纳米颗粒复合镀层的表面形貌与胞状的普通化学镀层明显不同，化学镀层表面是由大小不等的微凸体胞状物组成，大小介于几微米和几十微米之间，胞状物之间有明显的边界存在，结构松散，而复合镀层表面由非常细小的颗粒物组成，已看不到明显的胞状凸起，镀层更加平整光滑。

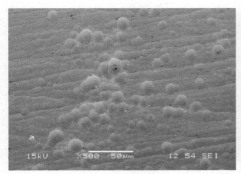

图 2-1　普通化学镀镍磷合金的表面形貌

2.1.2　Ni-P-纳米 SiO_2 化学复合镀层的表面能

采用 OCA-20 型视频光学接触角测定仪测量蒸馏水在碳钢、Ti、Ni-P 镀层和 Ni-P-SiO_2 化学复合镀层几种材料表面的接触角，表面水平放置，在室温下经过多次测量，取其平均值。图 2-3 为 4 种材料接触角测量结果，具体接触角值见表 2-2。从结果可以看出，碳钢材料的接触角为 40.35°，在 4 种

图 2-2　纳米 SiO_2 颗粒化学复合镀层的表面形貌

材料中最小,这说明碳钢的表面能最高;化学镀 Ni-P 和钛材的接触角相近,约 70°,均远高于碳钢的接触角,这说明钛和 Ni-P 镀层的表面能比碳钢低;纳米 SiO_2 化学复合镀层的接触角值最大,达到 110°,比 Ni-P 镀层表面的接触角约增加了 57%,由此说明纳米颗粒的复合明显地改变了镀层的表面状态,进一步降低了 Ni-P 镀层的表面能。

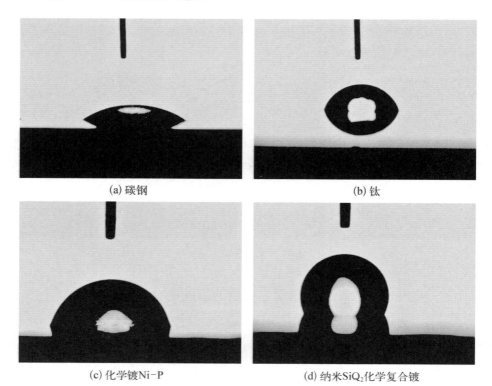

(a) 碳钢　　　　　　　　　　　(b) 钛

(c) 化学镀Ni-P　　　　　　　　(d) 纳米SiO₂化学复合镀

图 2-3　不同材料表面的接触角测量结果

表 2-2　不同材料表面接触角测试结果

材　　料	接触角	前进角	后退角
碳钢	40.35°	40.23°	40.11°
钛	70.5°	70.87°	71.23°
化学镀 Ni-P	74.06°	73.81°	73.56°
化学镀 Ni-P-SiO₂	110.14°	110.27°	110.4°

2.1.3　强化传热的效果及机理

1. 冷凝传热实验装置

冷凝传热实验采用自主搭建的垂直平板表面蒸汽冷凝可视化实验装置，研究碳钢表面化学镀后的蒸汽冷凝传热特性。实验流程如图 2-4 所示，整个装置由蒸汽系统、冷凝系统和测量系统 3 部分组成。

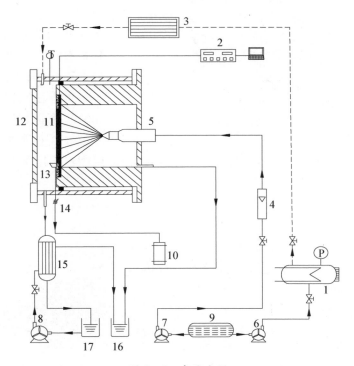

图 2-4　实验流程

1—蒸汽发生器；2—温度采集器；3—汽水分离器；4—转子流量计；5—喷嘴；6,7,8—水泵；9—储水槽；10—计量罐；11—冷凝平板；12—视镜；13—冷却水槽；14—出水阀；15—辅助冷凝器

17

实验过程中,饱和水蒸气由 1 台 18 kW 的蒸汽发生器产生,蒸汽流量通过出口调节阀控制,进入冷凝室进行冷凝。为了减小冷却侧热阻对整个实验结果的影响,提高冷却水与板面的换热系数,获得较大的温度测量范围,因此采用喷雾冷却。冷却水流量及压力通过转子流量计和压力表进行测量,为保证喷雾冷却效果,水压不超过 0.6 MPa,不低于 0.1 MPa,冷却水流量通过针型阀进行调节。冷凝室内蒸汽在平板表面产生的冷凝液通过设置在平板下方的漏斗进行收集,并由计量罐进行存储和计量。多余蒸汽由辅助冷凝器全部冷凝,并通过计量罐存储和计量冷凝液量,以便进行热量核算。整个实验过程中,冷凝室内压力保持为常压。冷凝室内的蒸汽温度和冷凝试样表面的温度采用 Agilent34970A 数据采集仪进行采集。

图 2-5 为冷凝试样和冷凝室的实物照片。

冷凝平板试样的尺寸如图 2-6 所示,材质为 $20^{\#}$ 碳钢,冷凝面为 50 mm×50 mm 正方形平面,厚度为 3 mm。在平板侧面分别打 $\phi1 \times 25$ mm 及 $\phi1 \times 15$ mm 的小孔,孔具体位置见图 2-6。实验过程中,将两根直径为 1 mm 的 T 形铠装热电偶分别插入 2 个小孔中,用来测量平板试样

图 2-5 垂直平板冷凝室实物照片

表面温度。测温时保证热电偶与孔壁充分接触,取两测点温度平均值作为实验测量温度,测量精度为 ±0.1℃。

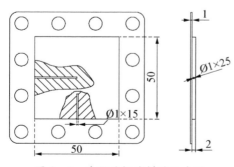

图 2-6 冷凝平板试样的尺寸图

图 2-7 施镀后的冷凝平板试样照片

实验中采用的冷凝表面为化学镀 Ni-P 和纳米 SiO_2 颗粒化学复合镀层,试样冷凝表面施镀前用 $1200^{\#}$ 砂纸打磨,施镀后的平板试样如图 2-7 所示,镀

层厚度约 25 μm,从照片中可以看出镀层表面致密无孔,有金属光泽。

由传热学理论,冷凝平板表面换热系数 h 可通过下式计算:

$$h = \frac{q}{\Delta t} = \frac{q}{(T_s - T_w)} \qquad (2-1)$$

式中,q 为通过试板冷凝表面的热通量,$\mathrm{W \cdot m^{-2}}$;T_s 为冷凝室内蒸气温度,K;T_w 为试板冷凝壁面温度,K。

为了计算冷凝表面传热系数,在实验过程中需要测定通过平板试件冷凝面的热通量 q、冷凝室内蒸气温度 T_s 以及 T_w 等参数。通过平板冷凝面的热量可通过以下两种方法进行测量计算:① 收集计量冷凝表面产生的冷凝水的质量进行计算;② 通过测量冷却水进出口温差进行计算。实验中采用第一种方法计算冷凝过程传递的热量。

设一定时间 t 内收集的冷凝液量为 m,因此热流密度(热通量)q 为

$$q = \frac{m \cdot h_{fg}}{A \cdot t} \qquad (2-2)$$

式中,h_{fg} 为汽化潜热。

因此,

$$h = \frac{m \cdot h_{fg}}{A \cdot t \cdot \Delta T} \qquad (2-3)$$

$$\Delta T = T_s - T_w \qquad (2-4)$$

冷凝壁面的温度可以采用傅立叶公式进行推算:

$$T_w = T_i + \frac{q \cdot \Delta l}{\lambda} \qquad (2-5)$$

式中,Δl 为插入试板内部热电偶测温点到冷凝平板壁面的距离;T_i 为测点温度。为保证 T_w 的可靠性,实验在试板的左右两侧均插入了热电偶,最后的 T_i 是 2 个测温点 T_1、T_2 的平均值。

为了验证试验装置及测量系统的可靠性,将试验中测得的碳钢表面膜状冷凝的试验数据进行处理,绘制 q-Δt 图,并与经典 Nusselt 理论值进行比较,如图 2-8 所示。竖壁层流膜状冷凝平均传热系数计算公式为

$$h_L = 0.943 \left[\frac{g \lambda_1^3 \rho_1 (\rho_1 - \rho_v) h_{fg}}{\mu_1 (T_{sat} - T_w) L} \right]^{1/4} \qquad (2-6)$$

式中,μ_1 为动力黏度。

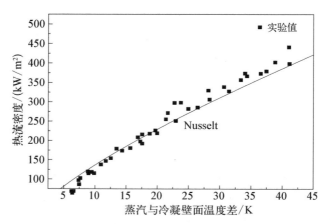

图 2-8　膜状冷凝实验值与理论值对比

热通量 q 的计算方法为

$$q = h \cdot A \cdot \Delta T \qquad (2-7)$$

图 2-8 中细实线是根据 Nusselt 膜状理论计算得到的理论值,可以看出,膜状冷凝试值与理论值曲线较吻合,验证了实验装置系统的可靠性。

2. 纳米 SiO_2 颗粒复合化学镀层表面冷凝传热特性

将冷凝试样表面分别镀 Ni-P 和 Ni-P-SiO_2 合金后进行冷凝试验,根据计算出的不同过冷度下的热流密度及冷凝壁表面传热系数,分别绘制热通量和冷凝传热系数与表面过冷度的变化关系曲线,如图 2-9 和图 2-10 所示。

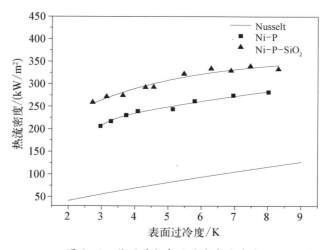

图 2-9　热通量与表面过冷度的关系

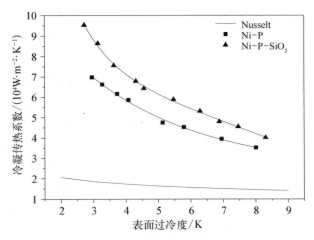

图 2 - 10　冷凝传热系数与表面过冷度的关系

　　从图 2 - 9 中可以看出,当冷却水流量较低时,表面过冷度(ΔT)小,热通量低,冷凝传热系数高。随着冷却水量的增加,表面过冷度逐渐增大,而冷凝传热系数随着表面过冷度的增加而降低。产生这种结果的主要原因是当冷却水量增大时,表面过冷度增大,冷凝表面上冷凝液累积量增加,造成液滴间的液膜增厚,传热阻力增大,传热系数减小。

　　从图 2 - 10 中还可以看出,Ni - P 镀层和 Ni - P - SiO$_2$ 化学复合镀层表面的传热系数比 Nusselt 层流模型计算值有明显的增加。在低过冷度条件下,两种镀层的传热系数相比膜状冷凝时分别提高了 4 倍和 5 倍;在高过冷度下,分别提高了 2 倍和 3 倍。可见镍基镀层表面起到了很好的强化冷凝传热效果,而且 Ni - P - SiO$_2$ 复合镀层的强化效果优于 Ni - P 合金镀层。

　　采用高速摄像仪(Phantom)对冷凝液的流动状态进行图像采集,每次记录 3s 左右,每秒 200 帧,即 0.005 s 采集一张图片,化学复合镀层表面蒸汽在过冷度为 3.1 K 时的冷凝图像如图 2 - 11 所示。

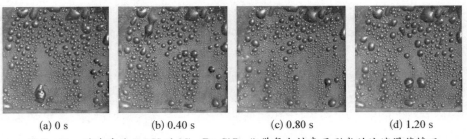

(a) 0 s　　　　　　(b) 0.40 s　　　　　　(c) 0.80 s　　　　　　(d) 1.20 s

图 2 - 11　过冷度为 3.1 K 时 Ni - P - SiO$_2$ 化学复合镀表面形成的液滴滑落情况

从图 2-11 可以看出,蒸汽在试样表面冷凝后形成了稳定的滴状冷凝,试样表面分布着大小不等的液滴。蒸汽在与冷凝表面接触时,首先会在冷凝表面形成大量非常微小的液滴,这些液滴一方面由于蒸汽在液滴表面直接冷凝而长大;另一方面,随着小液滴的长大,液滴之间合并成大液滴。在合并过程中,液滴空出的表面又有小液滴形成。当液滴长到一定临界尺寸(脱落直径)时,由于表面张力而产生的附着力与液滴所受外力之间的平衡被破坏,于是,液滴脱离壁面。因此滴状冷凝包括液滴的形成、合并、长大、脱落四个阶段,然后再开始新的循环过程。由于表面物理化学性质的差异性和表面张力梯度的存在,液滴的合并和脱落过程会呈现滞后现象,具体表现为液滴脱落直径通常要大于理论上重力平衡下的临界脱落直径,而且冷凝液滴在开始脱落时常会有弹射现象。液滴脱落过程中又不断地合并、冲刷下方的液滴,使冷凝壁面的更新宽度明显大于脱落直径。

图 2-12 蒸汽在化学镀 Ni-P 合金表面滴膜共存冷凝模式

图 2-12 为普通化学镀层表面蒸汽冷凝图像,可以看出化学镀层表面与复合镀层表面具有完全不同的冷凝模式。蒸汽在化学镀层表面同时存在两种不同的冷凝形貌,一种是冷凝液滴;另一种是以沟流方式存在的冷凝液膜。沟流液膜将冷凝面分割成许多不连续的滴状区,滴状区的冷凝形式与复合镀层表面相似,液滴不断形成、生长、合并和脱落,然后在冷凝表面又重新生长出新一代液滴。

3. 复合镀层表面强化冷凝传热机理

蒸汽在固体表面呈现滴状冷凝传热的必要条件是该表面具有较低的表面能,表面不被蒸汽的冷凝液润湿。通过接触角测量仪得到的碳钢和镀层表面接触角的数据,水滴在镀层表面的润湿性能相比碳钢表面明显下降,接触角均明显增大,因此镍基镀层表面具备了实现滴状冷凝传热的必要条件,试验结果证明复合镀层表面实现了很好的滴状冷凝强化传热效果。原因主要有以下两方面。一方面,镀层表面的表面能对润湿性能具有较大影响。从图 2-13 所示镀层的 X 射线衍射图谱可以看出 Ni-P 镀层和 Ni-P-SiO$_2$ 复合镀层都在 $2\theta = 45°$ 附近出现了"馒头包"状衍射峰,这属于非晶态衍射特征,相比晶态原子处于更加无序的状态,原子间作用力较弱。表面能 γ 与弹性模量 E 之间成

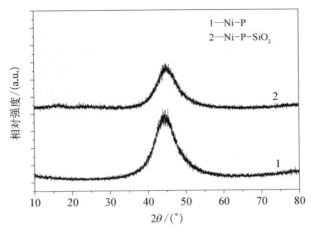

图 2-13　Ni-P 和 Ni-P-SiO₂ 镀层 XRD 图谱

正比关系,即:

$$\gamma = \frac{E \cdot Q}{2\pi^2} \qquad (2-8)$$

式中,Q 为比例系数。非晶体的弹性模量比晶体低 $20\%\sim30\%$,由上式可知,非晶态的镍基镀层表面具有较低的表面能,表 2-2 的数据也证明了这一点。另外从图 2-13 还可以看出,Ni-P 镀层和 Ni-P-SiO₂ 化学复合镀层的衍射峰出现的位置相同,但 Ni-P 合金镀层的衍射峰强度明显高于 Ni-P-SiO₂ 化学复合镀层。非晶态具有短程有序、长程无序的特征,非晶态的短程有序范围 r_s 与衍射峰的半高宽呈正比,半高宽越宽,短程有序范围 r_s 越大,非晶程度越低,所以 Ni-P-SiO₂ 化学复合镀层比 Ni-P 合金镀层的非晶程度高,内部原子无序化程度更高,原子间作用力更小,因而 Ni-P-SiO₂ 化学复合镀层的表面能低于 Ni-P 合金镀层,使得 Ni-P-SiO₂ 化学复合镀层表面的润湿性能进一步下降,强化了滴状冷凝。

另一方面,镀层表面的几何结构对润湿性能也有较大的影响。Jopp 等的研究表明表面微观几何结构可以导致液滴从 Wenzel 润湿模式转变为 Cassie 润湿模式,在一定粗糙度值范围内,接触角随表面粗糙度的增大而增大,因为液滴与固体表面不再紧密接触,而是存在气体,使其形成一种气固复合表面,可以促使接触角增大。图 2-14 是采用原子力显微镜(AFM)观察得到的两种镀层表面的微观形貌,可以看出镀层表面呈乳突状的微观结构,乳突之间存在间隙,使得液滴不能完全与镀层表面接触,形成一种气液固的复合接触形式。

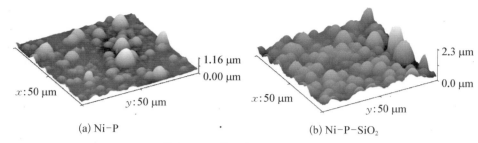

(a) Ni-P   (b) Ni-P-SiO₂

图 2-14 镀层表面 AFM 照片

根据 Cassie 方程：

$$\cos\theta_c = \phi_s\cos\theta_e + \phi_s - 1 \qquad (2-9)$$

式中，θ_c 为复合接触面上的表观接触角；ϕ_s 为液固接触面积占液滴覆盖面积的百分数；θ_e 为平衡接触面积。将式(2-9)变形可得到

$$\frac{\cos\theta_c + 1}{\cos\theta_e + 1} = \phi_s \qquad (2-10)$$

可知 θ_c 随 ϕ_s 的减小而增大，粗糙度越大，液滴与镀层接触面积越小，即 ϕ_s 越小，θ_c 越大。镀层表面微观粗糙结构可以增大液滴的接触角，从而降低镀层表面的润湿性能。另外，从图 2-14 可知 Ni-P-SiO₂ 化学复合镀层表面粗糙度比 Ni-P 镀层大，即微米乳突结构更高，ϕ_s 更小，因而其接触角进一步增大到 110°，滴状冷凝传热效果得到进一步强化。

综上所述，在镍基镀层非晶结构状态和微观几何结构的影响下，镀层表面接触角增加，表面能下降，润湿性能降低，使镍基镀层具备形成滴状冷凝传热的必要条件，传热试验结果证实镍基镀层表面形成完全的滴状冷凝传热，起到了很好的强化冷凝传热效果。此外纳米 SiO₂ 颗粒加入后的复合镀层进一步强化了镀层的非晶程度，增大了表面粗糙度，从而使得镀层表面的润湿性进一步降低，强化冷凝传热效果优于 Ni-P 合金镀层。

2.2　表面纳米晶化强化冷凝技术

本节介绍一种新型金属材料纳米表层的制备方法——深冷法向脉动旋压法，研究脉动旋压参数对表层纳米晶结构的影响规律，阐明金属表面纳米晶化强化冷凝传热特性及机理。

2.2.1　制备方法及表面结构

1. 法向脉动旋压方法及装置

该方法所用的法向脉动旋压装置如图 2-15 所示,主要由高速旋转的旋压盘和试样进给机构组成。旋压盘安装在圆盘上,绕公转轴高速旋转,试样在进给机构的带动下沿垂直于旋压盘运动平面的方向做进给运动。在此过程中,旋压盘既可以绕自转轴线自由旋转,也可以绕圆盘做大轨迹的公转,同时,旋压盘完成每圈的法向旋压动作。旋压产生时,旋压盘与试样之间仅发生滚动摩擦。在旋压盘高速旋压的过程中,试样在与旋压盘接触瞬间,在切线方向会发生高应变速率的剪切,同时,在法线方向会发生冲压塑性变形,多次重复旋压过程可以给试样施加较高的塑性应变,这样,累积旋压会使得处理材料表层显微组织明显细化。法向脉动旋压方法中,对试样表面显微组织结构有显著影响的关键工艺参数主要包括:旋压盘公转速度、接触宽度、旋压盘与试样作用间距、试样进给速度,以及旋压次数(或旋压时间参数)等。此外,还与旋压盘的材质选用、形貌及几何尺寸、试样的初始热处理状态及表面处理等因素有关。

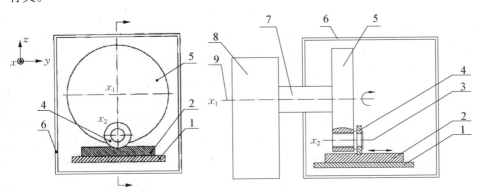

图 2-15　法向脉动旋压装置示意

1—试样夹持及运动机构;2—试样;3—自转轴线;4—旋压盘;5—旋压盘运动机构;6—温度气氛控制装置;7—传动机构;8—驱动机构;9—公转轴线

与其他基于强烈塑性变形原理制备表面纳米层的方法相比,法向脉动旋压方法具有以下优点。

(1) 制备方法简单。本方法结合传统旋压工艺和动态塑性应变细化金属材料显微组织的优点,制备工艺简单,各种工艺参数易于控制。

(2) 所制的金属材料表面纳米层尺度较大,适合于工业化生产。

（3）所制备的表面纳米层组织致密，均匀性好。而且，处理过程无污染，绿色环保。

（4）适用范围广。从理论上讲，具有一定塑性、能够发生塑性变形、能够通过塑性变形细化组织的金属都可以通过法向脉动旋压方法制备表面纳米层。

2. 试样材料及法向脉动旋压工艺

深冷法向脉动旋压法实验所用的材料为商业纯铜 T2。试样型式及尺寸

图 2-16 退火态铜的显微组织(500×)

为 200 mm×100 mm×6 mm 的铜板。在进行法向脉动旋压前，首先将其放入气氛保护炉中，在 Ar 气保护条件下进行退火处理，热处理参数为 700℃下保温 2 h。退火态铜的显微组织如图 2-16 所示。从图中可以看出，退火态铜组织为单相 α 固溶组织。铜晶粒比较粗大、均匀，晶界清晰，形貌呈等轴状，其间可见退火孪晶。

为了减小和抑制在法向脉动旋压过程中铜发生回复和再结晶，研究人员开发了深冷处理工艺，即旋压试验在深冷条件下进行，使用液氮作为冷却介质，将铜板完全浸没在液氮（温度为−196℃）中进行旋压处理。为保证待处理铜试板以及夹具温度降低到液氮温度，每次旋压处理前，铜在液氮中保温20 min 以上。

由于脉动旋压过程中会出现液氮的挥发和飞溅，液氮池中的液氮会逐渐减少，为保证旋压过程中铜完全浸没在液氮中，试验过程中需要根据液氮液面变化，间歇地向液氮池中添加液氮。

该实验中所采用的法向脉动旋压参数为：旋压盘的厚度 8 mm，旋压盘公转速度 100 r/min，试样进给速度 120 mm/min，旋压次数分别为 10 次、40 次、80 次、120 次。在旋压处理前，首先将试样调平，保证其在整个试样长度方向的偏差小于 0.05 mm，以保证旋压盘和试样之间间距的统一性，从而保证旋压处理所得到的试样表层组织结构的均一性。

3. 法向脉动旋压过程中铜显微组织结构的演化

（1）法向脉动旋压致铜表面显微组织的变化

图 2-17[(a)～(d)]分别为法向脉动旋压 10 次、40 次、80 次、120 次后纯铜表面的显微组织照片。从图中可以看出，经过液氮温度下法向旋压处理后，铜的显微

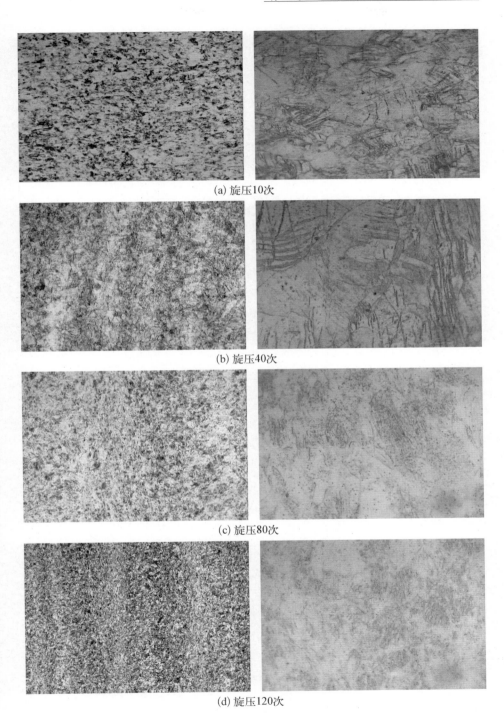

(a) 旋压10次

(b) 旋压40次

(c) 旋压80次

(d) 旋压120次

图 2-17　铜法向脉动旋压处理后的显微组织变化(左侧图为 $50\times$，右侧图为 $500\times$)

组织发生了显著的变化,显微组织变化的程度随旋压次数的增加而增加,当旋压次数增加到 120 次时,退火态铜的原始组织已基本不能分辨。

当法向脉动旋压次数为 10 时[图 2-17(a)],与退火态铜显微组织相比,退火态的原始粗晶组织已变模糊,基本上所有晶粒均发生塑性变形,大量晶粒内部可见变形条带,少量晶粒内部的变形条带已经难以辨识。黑灰区域存在大量细化的平行变形条带和相互交割的平行变形条带,细微的显微组织特征在光学显微镜下已经不能辨识,仅显示为黑灰色区域。

随着法向脉动旋压次数的增加,塑性变形进一步深化发展,当旋压次数为 80 时,晶界和变形条带已经完全消失,显微组织特征已经不能分辨,仅能分辨出不同区域的腐刻颜色的不同,有的区域为黑灰色,有的区域为淡灰白色,具有较明显的区域特征。当旋压次数为 120 时,原始粗晶显微组织和低旋压次数塑性变形特征基本消失,细部的组织特征无法分辨,灰白色组织的分布非常均匀。

(2)法向脉动旋压致铜表面显微组织的 TEM 观察

平面显微组织的分析在 JEOL-2010F 高分辨透射电镜(TEM)上进行。用于平面 TEM 观察的样品取自距离法向脉动旋压表面约 0.05 mm 的位置。采用双喷电解减薄方法进行减薄、制样,电解液为硝酸、酒精、去离子水的混合液,配比为 25∶25∶50。为了抑制由于双喷过程中温度升高引起的显微结构变化,双喷电解在 -10℃ 左右下进行,采用液氮降温。

图 2-18 为法向脉动旋压 10 次试样平面 TEM 照片。TEM 观察表明在大多数的晶粒内部存在高密度的位错缠结,如图 2-18(a)所示。液氮温度下的法向脉动旋压使晶粒内部的位错大量增值,形成位错缠结。除高密度的位错缠结以外,可见数量较少的变形孪晶束镶嵌在变形晶粒内部,如图 2-18(b)所示。根据大量 TEM 观察统计,孪晶束所占的体积比约为 10%,这些孪晶/母材所组成的条束通常有几十到上百纳米宽。图 2-18[(c)、(d)]为图 2-18(b)的进一步放大,可以看出,仅经 10 次旋压,部分孪晶/母材组成的条束就可达到 10 nm 左右。

位错滑移和变形孪生是铜产生塑性变形的两种主要模式。位错活动是在热激活过程中,当多晶铜在室温或较高温度下塑性变形时,位错经过增殖和重排过程形成各种位错结构,如位错胞、位错墙、偶发位错界面等。但是,当在低温下发生塑性变形时,位错增殖和重排的变形方式将受到抑制,导致形成发育不完全的位错胞和少量的微带。因此,在液氮温度下发生塑性变形时,位错活动受到抑制使孪生成为主要的变形方式。铜发生孪生变形需要很高的局部应

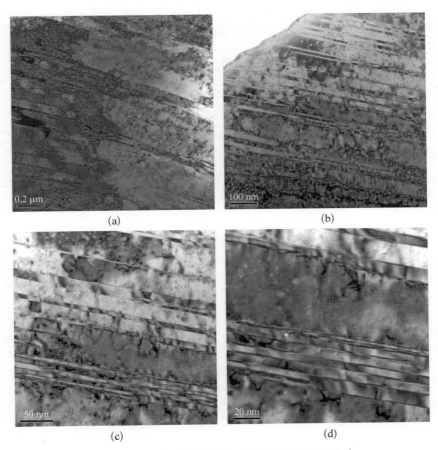

图 2 - 18　法向脉动旋压 10 次后铜平面 TEM 照片

力,为满足较高的局部应力,需要足够的加工硬化。TEM 观察结果证实塑性
变形优先以位错滑移的方式进行。观察发现严重塑性变形主要发生在晶界和
孪晶界处,在界面处,当应力达到临界值时将发生变形孪生。随着应变的增
加,在越来越多的应变硬化晶粒中发生孪生。在液氮温度下法向旋压所形成
的纳米孪晶与室温低应变速率下严重塑性变形有显著的不同,室温下的严重
塑性变形通常仅形成少量的变形孪晶。在室温下,严重塑性变形铜主要通过
位错活动进行组织细化。显然,高应变速率和液氮温度是铜在塑性变形过程
中形成纳米孪晶的主要因素。另外,高塑性应变是形成孪晶的另一个主要
因素。

　　图 2 - 19 为法向旋压 40 次试样的平面 TEM 照片及相应的选区衍射花

样。TEM 整体观察发现,与旋压 10 次试样相比,试样经 40 次法向旋压后,表面纳米孪晶束组织明显增多,体积比提高到 60% 左右,大部分母材/孪晶片层间距减小到约 50 nm,如图 2-19(a)所示。少量母材/孪晶片层间距减小到10 nm 左右,如图 2-19(c)所示。图 2-19[(b)(d)]分别为图 2-19[(a)(c)]的选区衍射花样,图中点阵说明片层间存在典型的孪晶关系。随着塑性应变的进一步增加,高密度的位错缠结以及发育不完全的位错胞进一步重排、淹灭,向能量较低的位错排列状态演化,形成长条状的小位相差的亚晶粒。通过上述的观察可以发现,位错和孪生仍然是液氮温度下铜两种主要的塑性变形方式,但在高应变速率条件下,孪生成为占优势的变形方式。

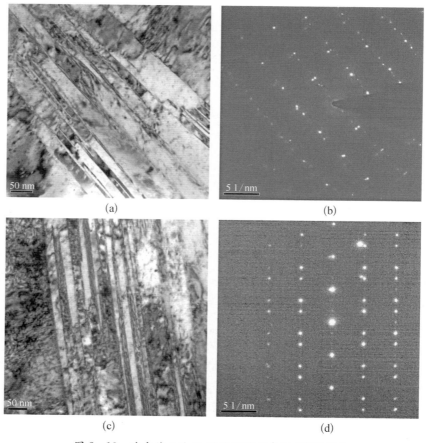

图 2-19 法向旋压处理 40 次铜试样表面 TEM 照片

图 2 - 20、图 2 - 21 分别为法向旋压 80 次、120 次试样的平面 TEM 观察。从图中可以看出，其组织仍以孪晶束为主。图 2 - 20(c)、2 - 21(c)中一些孪晶/母材片束内部可以观察到断续延长的竹节状纳米晶粒。这种竹节状纳米晶粒可能是由应变较小时形成的纳米孪晶/母材束演化形成的。

图 2 - 20　法向旋压 80 次铜试样表面 TEM 照片

位错和孪晶界面的交互作用使纳米孪晶/母材片层断裂形成纳米尺寸晶粒。当孪晶/母材片层进一步进行塑性变形时，在片层内部积累的位错墙和位错缠结将连续片层细分为不连续的团块，团块间的位向差会随位错密度的提高而增大，并最终演化为随机取向。

法向旋压 120 次试样在 TEM 观察过程中还可以发现少量等轴状纳米晶，如图 2 - 21(d)所示。这种纳米显微组织可能是断裂的孪晶/母材团块在逐渐

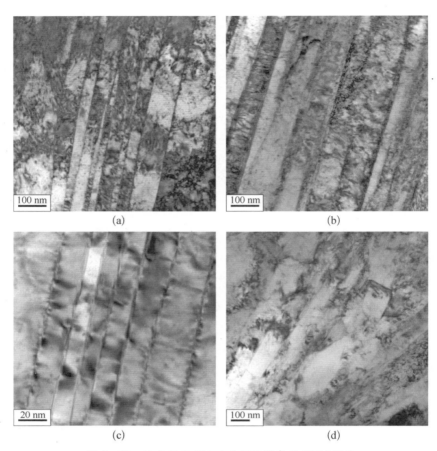

图 2-21　法向旋压 120 次后铜试样表面 TEM 照片

图 2-22　法向旋压 338 次铜试样表面的
TEM 照片及选区电子衍射图

增加塑性应变作用下发生滑移、旋转形成的。

图 2-22 为法向旋压 338 次试样表面 TEM 观察到的典型显微组织,可见大量等轴状晶已经形成,平均晶粒尺寸约 150 nm。从选区电子衍射图可见纳米晶粒取向呈随机分布。此时等轴状纳米晶所占体积比在 80% 以上。经历高应变塑性变形后,试样中仍残存一些纳米孪晶/母材条束组织,所占体积比约为 10%。

2.2.2　表面润湿性变化

固体的表面自由能表征的是固-气相界面的特性，而蒸气在固体表面的冷凝特性还受到固-液两相间界面特性的影响。固-液界面特性不仅与两个相互接触的物质固有性质有关，还受到两相物质的界面层组成、结构、形态及其界面上相互作用状态等的影响。

润湿是固体表面上的气体被液体取代的过程，液体对固体的润湿作用大小取决于固体-液体和液体-液体的分子吸引力大小，当液体-固体之间分子吸引力大于液体本身分子间吸引力时，便产生了润湿现象；反之则不润湿。接触角是表征润湿性的参数，从固-液-气三相的交界处，自固-液界面经过液体内部至液-气界面的夹角即为接触角。

最早表征液滴在金属表面的存在模型是 Young 模型。该模型基于理想表面，$\gamma_{lg}\cos\theta_Y = \gamma_{sg} - \gamma_{ls}$，其中，$\gamma_{lg}$ 为液-气界面张力；γ_{sg} 为气-固界面张力；γ_{ls} 为液-固表面张力；θ_Y 为本征接触角。实际上，一般固体表面都具有不同程度的粗糙度和化学不均匀性，Wenzel 等建立了考虑表面粗糙特性的模型，$\cos\theta_W = r\cos\theta_Y$，其中，$r$ 为材料表面的粗糙度因子，是固/液界面实际接触面积与表观接触面积之比，$r \geqslant 1$。Cassie 考虑表面的化学不均匀性建立了模型：$\cos\theta_C = f_s(1 + \cos\theta_Y) - 1$，其中，$f_s$ 为表面面积系数，是液滴和固体表面突起的直接接触面积与几何投影面积之比。图 2-23 为上述三种模型的示意。研究发现，Wenzel 和 Cassie 状态可以同时存在一些粗糙表面上，而且通过克服能垒，液滴的 Cassie 和 Wenzel 状态也可以互相转换。

本节介绍采用 OCA20 型接触角测量仪测量水在深冷法向脉动旋压处理纳米晶黄铜、紫铜表面的表观接触角，并与原始表面的接触角进行对比分析。

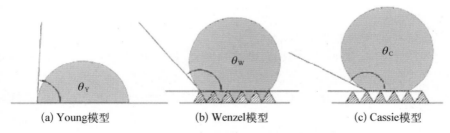

(a) Young模型　　　　　(b) Wenzel模型　　　　　(c) Cassie模型

图 2-23　液滴在固体表面的润湿模型示意

1. 黄铜表面接触角变化

空气中水在黄铜原始表面和纳米晶黄铜表面的接触角测量结果如图 2-24 所示,所得接触角的具体值列于表 2-3 中。

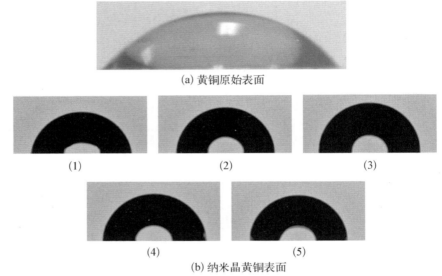

(a) 黄铜原始表面

(1)　　　　　　　(2)　　　　　　　(3)

(4)　　　　　　　(5)

(b) 纳米晶黄铜表面

图 2-24　纳米晶化处理前后黄铜表面的接触角变化

表 2-3　纳米晶黄铜表面接触角

		接触角测量值/(°)			平均值/(°)
纳米晶黄铜表面	1#	84.6	84.8	84.9	90.7
	2#	90.7	90.8	90.9	
	3#	92.1	92.2	92.3	
	4#	93.3	93.1	92.8	
	5#	92.8	92.5	92.2	
原始黄铜表面		45.3	50.2	54.1	49.9

2. 紫铜表面接触角变化

空气中水在紫铜原始表面和纳米晶紫铜表面的接触角测量结果如图 2-25 所示,所得接触角的具体值列于表 2-4 中。

从表中数据可以看出,水在经深冷法向脉动旋压法处理后纳米晶黄铜和紫铜表面的接触角明显增大,为原始铜表面的 2~3 倍。接触角增大,表面润湿性随之降低。

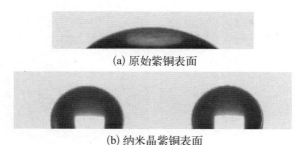

(a) 原始紫铜表面

(b) 纳米晶紫铜表面

图 2-25　纳米晶化处理前后紫铜表面的接触角变化

表 2-4　纳米晶紫铜表面接触角值

	接触角测量值/(°)			平均值/(°)
紫铜	41.3	39.4	40.3	40.3
纳米晶紫铜表面 1#	108.9	109.5	109.2	108.9
纳米晶紫铜表面 2#	107.8	109.5	108.7	

2.2.3　强化传热的效果及机理

本节采用垂直平板冷凝实验系统,对纳米晶铜表面的冷凝传热特性进行试验研究,实验系统及方法同 2.1.3 中冷凝传热实验装置的介绍。并借助于高速摄影,对冷凝液滴的动态行为进行观测和分析。

1. 蒸汽在纳米晶铜表面的冷凝形貌

(1) 纳米晶黄铜表面

图 2-26 为实验得到的蒸汽在经深冷法向脉动旋压处理的纳米晶黄铜表面的冷凝形貌。从图中可以看出,蒸汽在纳米晶黄铜表面试样的大部分区域均呈现为滴状冷凝,仅在黑色方框区域[图 2-26(a)]内呈现膜状冷凝,分析其原因主要是由于试样在旋压处理的过程中内部产生了一定的应力,在加工冷凝试样的过程中得到了释放,从而引发冷凝试样的变形。在冷凝实验前,对试样凸起部分[图 2-26(a)方框区内]进行了打磨。由于法向旋压处理形成的纳米晶层较薄,经打磨处理后,纳米晶层已不复存在,因此,在此区域内始终为膜状冷凝,这一实验现象充分证实了经法向脉动旋压处理后蒸汽在其表面冷凝形态的转变。

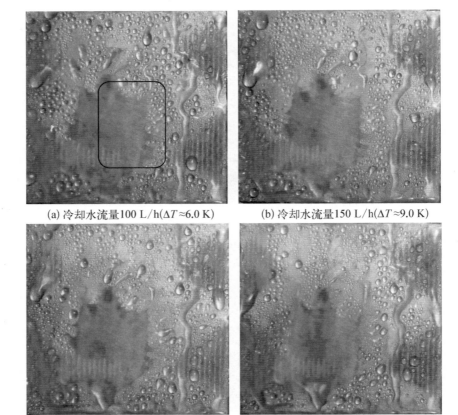

(a) 冷却水流量100 L/h(ΔT≈6.0 K)　　　(b) 冷却水流量150 L/h(ΔT≈9.0 K)

(c) 冷却水流量200 L/h(ΔT≈12.0 K)　　　(d) 冷却水流量200 L/h(ΔT≈15.0 K)

图 2－26　蒸汽在纳米晶黄铜表面的冷凝形貌

（2）纳米晶紫铜表面

图 2－27 为实验得到的蒸汽在经深冷法向脉动旋压处理的纳米晶紫铜表面的冷凝形貌。从图中可以看出，水蒸气在纳米晶铜表面的大部分区域形成了滴状冷凝，在整个冷凝表面，液滴覆盖的区域远大于液膜所覆盖的区域。在液滴分布位置，明显看到液滴成核、生长、合并、脱落的过程，而且刷新频率很快。有关冷凝液滴的动力学行为将在下节中进行详细分析。

2. 蒸汽在纳米晶铜表面的冷凝传热特性研究

（1）纳米晶黄铜表面冷凝试验结果

图 2－28、图 2－29 分别为纳米晶黄铜表面过冷度与热通量以及过冷度与传热系数的关系，图中实线为 Nusselt 膜状冷凝理论解。

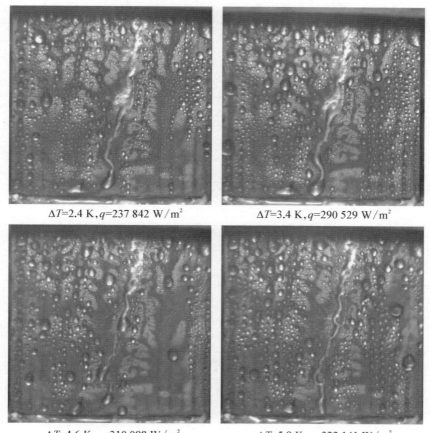

ΔT=2.4 K, q=237 842 W/m^2　　　　　　ΔT=3.4 K, q=290 529 W/m^2

ΔT=4.6 K, q=310 098 W/m^2　　　　　　ΔT=5.9 K, q=322 141 W/m^2

图 2-27　蒸汽在纳米晶紫铜表面的冷凝形貌

从图中可以看出,经法向脉动旋压处理,由于表面纳米晶组织的形成,蒸汽在其表面转变为滴状冷凝为主的冷凝形态,相同表面过冷度下的热通量为膜状冷凝的 2～3 倍,冷凝传热明显强化。

（2）纳米晶紫铜表面冷凝试验结果

图 2-30 为蒸汽在原始紫铜表面和纳米晶紫铜表面的冷凝传热试验结果对比。

在相同的过冷度下,纳米晶表面的冷凝传热通量约为 Nusselt 理论值的 3 倍。由于铜表面自身纳米化后,其表面自由能显著降低,冷凝液在其表面的接触角相应增大,促进蒸汽在其表面的滴状冷凝,强化了表面的冷凝传热过程。

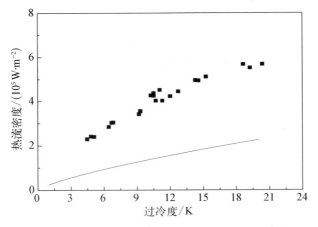

图 2-28 纳米晶黄铜表面过冷度与热通量的关系

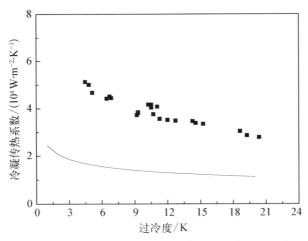

图 2-29 纳米晶黄铜表面过冷度与传热系数的关系

图 2-31 是该实验采用的纳米晶铜表面与马学虎在铜基体表面制备十八烷基硫醇分子自组装膜在蒸汽环境下的冷凝传热特性对比。从图中可以看出,两种方法对于表面冷凝传热的强化效果相差不多。自组装膜纳米结构表面是在基体表面制备涂层从而在其表面形成微米和纳米尺度的微观结构,而表面自身纳米晶化是基于强烈塑性变形,将基体的原始粗晶组织细化为纳米晶组织,两种方法均在基体表面形成了纳米尺度的微观结构,降低了表面自由能,提高了液滴在冷凝表面的接触角,强化了冷凝传热。但是两种方法又有着本质的区别,本节采用的纳米晶化技术的工艺更为简单,加工成本更低,并且

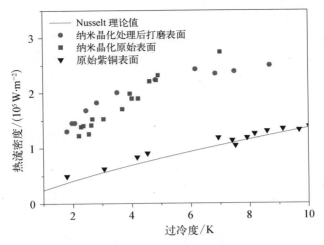

图 2-30　蒸汽在纳米晶紫铜表面的冷凝传热曲线

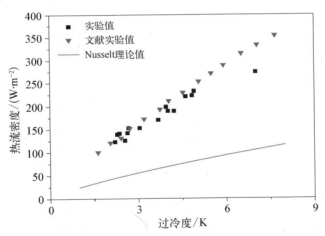

图 2-31　该实验与文献疏水性纳米结构表面冷凝特性的比较

无须考虑纳米晶层与基体的结合强度,也不会引入附加的热阻,是一种很有实际意义的强化冷凝方法。

(3) 纳米晶表面蒸汽冷凝可视化研究

滴状冷凝传热过程是一个由液滴的生成、长大、合并和脱落 4 个随机的子过程组成的不稳定的循环过程,各个子过程之间相互影响、相互制约。滴状冷凝过程中,冷凝液滴有 3 个重要的尺寸,分别是最小半径、临界半径和脱落直径,它们也是滴状冷凝传热计算中的重要参数,与表面过冷度、冷凝液性质和冷凝表面性质等因素密切相关。滴状冷凝成核理论认为,冷凝表面上的胚团表面同时存在蒸汽分子的冷凝和蒸发两个过程,只有当胚团达到某一临界尺寸、冷凝速率大于蒸发速率后,蒸汽分子才能最终长大形成液滴,这一临界半径被称为最小半径,此时,液滴的物理尺度处在纳米级。液滴在达到临界半径之前主要由直接冷凝长大,临界半径之后液滴主要靠合并长大。液滴的临界半径尺度在几十微米左右。而液滴的脱落直径可达到毫米量级,便于通过试验的方法进行观测研究。

脱落直径是滴状冷凝传热中的重要特征参数,脱落直径的大小直接影响冷凝液在冷凝面上的残留量,从而影响了冷凝传热的效果。脱落直径越大,通过液滴传热的热阻越大,就会明显影响冷凝传热。

通过采用可视化的试验手段研究液滴的动态行为,采用高速摄像仪Motion Xtra N4 (4 000 fps @1 024×1 024)实时拍摄记录液滴在不同过冷度下的动态生长过程,采集频率为 100 帧/秒,采用 Image-Pro Plus 软件进行图像分析,对不同过冷度下液滴的脱落直径进行统计分析和综合评价,得到不同过冷度下液滴的脱落直径变化规律,如图 2-32 所示。可以看出,随着过冷度的增大,液滴的脱落直径也随之增大,较大的液滴脱落直径导致了冷凝传热系数的不断降低。

如前所述,滴状冷凝过程中,成核液滴的生长是直接冷凝长大和冷凝面相邻液滴合并的凝并共存的过程。Gose 在研究滴状冷凝的液滴分布中指出,对于水蒸气冷凝过程,半径小于 0.05 mm 的液滴主要是由蒸汽在液滴表面的直接冷凝长大,而半径大于 0.05 mm 的液滴则主要是靠液滴之间的合并长大。所以冷凝液滴的生长研究中必须分为两个过程分别进行探讨。

根据 Mousa 的滴状冷凝模型,单个液滴传热热阻包括四部分,分别为:(1) 相平衡温度条件下,液滴自由表面曲率相关热阻 ΔT_c;(2) 蒸气与液滴相际传热阻力 ΔT_i;(3) 液滴的导热热阻 ΔT_d;(4) 滴状冷凝促进层的导热热阻 ΔT_p,而对于本节研究针对的塑性变形致纳米晶层,不存在额外的附加层,因此本项为零。假定液滴形状为球缺形,上述各部分热阻用温差表示如下。

(1) 液滴曲率热阻形成的温差 ΔT_c

$$\Delta T_c = \frac{2T_{\text{sat}}\sigma}{h_{\text{fg}}r\rho} \tag{2-11}$$

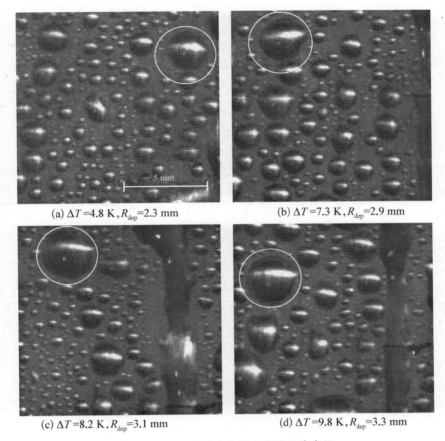

(a) ΔT=4.8 K，R_{dep}=2.3 mm　　　　　(b) ΔT=7.3 K，R_{dep}=2.9 mm

(c) ΔT=8.2 K，R_{dep}=3.1 mm　　　　　(d) ΔT=9.8 K，R_{dep}=3.3 mm

图 2-32　不同过冷度下液滴的脱落直径

式中，T_{sat} 为饱和蒸气温度，K；σ 为表面自由能，N/m；h_{fg} 为水蒸气蒸发焓，J/kg；r 为液滴半径，m；ρ 为液体密度，kg/m^3。

（2）气-液相际传热阻力形成的温差 ΔT_{i}

$$\Delta T_{\text{i}} = \frac{Q}{2\pi r^2 (1-\cos\theta) h_{\text{i}}} \tag{2-12}$$

式中，Q 为传热量；θ 为接触角；h_{i} 为界面传热系数。

$$h_{\text{i}} = \frac{2\alpha}{2-\alpha} \left(\frac{M}{2\pi R T_{\text{sat}}} \right)^{\frac{1}{2}} \frac{h_{\text{fg}}^2}{T_{\text{sat}} u} \tag{2-13}$$

式中，α 为冷凝系数。

（3）通过液滴的导热热阻形成的温差 ΔT_{d}

为便于计算,将球缺形液滴的导热近似为通过等体积、以液滴与冷凝壁面接触面为底面的圆柱形液滴的导热。由球缺形与圆柱形的体积相等可得到

$$H = \frac{r(2 + \cos\theta)(1 - \cos\theta)}{3(1 + \cos\theta)} \qquad (2-14)$$

从而可得

$$\Delta T_{\mathrm{d}} = \frac{Q}{3\pi r\lambda_1} \frac{2 + \cos\theta}{(1 + \cos\theta)^2} \qquad (2-15)$$

式中,λ_1 为液体热导率,$\mathrm{W \cdot m^{-1} \cdot k^{-1}}$。

上述三项温差组成了蒸气和冷凝表面之间的总温差 ΔT:

$$\Delta T = \Delta T_{\mathrm{c}} + \Delta T_{\mathrm{i}} + \Delta T_{\mathrm{d}} \qquad (2-16)$$

将式(2-11)、式(2-12)和式(2-15)代入式(2-16)中,整理可得通过单个液滴的传热量 Q:

$$Q = \frac{\left(\Delta T - \dfrac{2T_{\mathrm{sat}}\sigma}{h_{\mathrm{fg}}r\rho}\right) \cdot \pi r^2 \sin^2\theta}{\dfrac{1 + \cos\theta}{2h_{\mathrm{i}}} + \dfrac{(1 - \cos\theta)(2 + \cos\theta)}{3(1 + \cos\theta)} \cdot \dfrac{r}{\lambda_1}} \qquad (2-17)$$

单个液滴的传热量也可以通过式(2-18)来计算:

$$Q = \rho h_{\mathrm{fg}}\left(\frac{\mathrm{d}V}{\mathrm{d}t}\right) = \rho h_{\mathrm{fg}}\pi r^2 (1 - \cos\theta)^2 (2 + \cos\theta)\frac{\mathrm{d}r}{\mathrm{d}t} \qquad (2-18)$$

将式(2-17)和式(2-18)联立,可得到单个液滴的生长速率公式:

$$\frac{\mathrm{d}r}{\mathrm{d}t} = \frac{\left(\Delta T - \dfrac{2T_{\mathrm{sat}}\sigma}{h_{\mathrm{fg}}r\rho}\right)\dfrac{(1 + \cos\theta)}{(1 - \cos\theta)(2 + \cos\theta)}}{\rho h_{\mathrm{fg}}\left(\dfrac{1 + \cos\theta}{2h_{\mathrm{i}}} + \dfrac{(1 - \cos\theta)(2 + \cos\theta)}{3(1 + \cos\theta)} \cdot \dfrac{r}{\lambda_1}\right)} \qquad (2-19)$$

根据式(2-19)可以得出直接冷凝长大液滴的生长速率曲线,如图 2-33 所示。从图中可以看出,直接冷凝长大液滴的生长速率在半径小于 0.005 mm 时随着液滴半径的增大而增大,大于 0.005 mm 时随着液滴半径的增大而减小。这主要是因为在液滴长大过程中,通过界面的传热阻力是影响传热量的主要因素,液滴越大阻碍传热的程度就越大,越不利于冷凝传热。从图中还可以看出随着过冷度

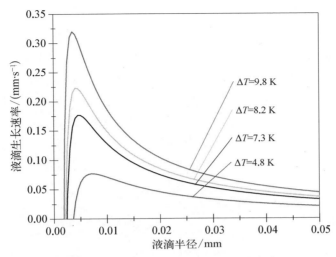

图 2-33　不同过冷度下直接冷凝长大液滴的生长速率

的增大,直接冷凝长大液滴的生长速率也随之增大,而且影响程度较大,说明过冷度是影响直接冷凝长大液滴生长速率的主要因素,也是液滴生长的主要推动力。

通过高速摄影实时拍摄记录液滴的动态生长过程来研究合并长大液滴的生长速率。如图 2-34 所示为冷凝表面液滴半径随时间的变化趋势,斜率即为液滴的生长速率,图中有部分液滴出现半径阶跃的现象,这主要是因为在液滴生长过程中相邻液滴发生了合并导致液滴的半径突然变大。

图 2-34 中对应于 4.8 K、7.3 K、8.2 K、9.8 K 过冷度下,液滴的平均生长

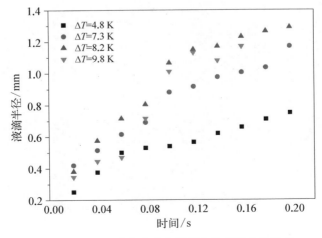

图 2-34　不同过冷度下合并长大液滴的生长速率

速率分别为 0.48 mm/s、0.80 mm/s、1.02 mm/s、1.34 mm/s,可以看出随着过冷度的增大,液滴的生长速率逐渐增大。这主要是因为较大的过冷度一方面促进了冷凝液滴本身生长速率;另一方面随着过冷度的增大,液滴的生长周期减小,也会促进蒸汽在金属表面的扰动作用,从而促进相邻液滴之间的合并。

冷凝过程中,液滴是成代形成的,代即一个液滴从开始成核至液滴脱落的一个过程。从上一代液滴脱落开始到下一代液滴脱落的时间间隔为冷凝液滴的一个生长周期,利用高速摄影拍摄的照片研究不同过冷度下液滴的生长周期特点。如图 2 - 35 所示为冷凝液滴的生长周期随过冷度的变化。

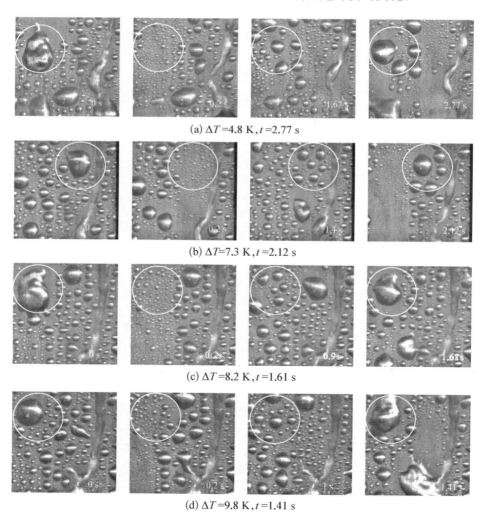

(a) ΔT =4.8 K, t =2.77 s

(b) ΔT=7.3 K, t =2.12 s

(c) ΔT =8.2 K, t =1.61 s

(d) ΔT =9.8 K, t =1.41 s

图 2 - 35   不同过冷度下液滴的生长周期

从图 2 - 35 中可以看出随着过冷度的增大,液滴的生长周期变短,这是由于过冷度增大时,相对于液滴的脱落直径,液滴的生长速率增大是主导因素,所以在较大的过冷度下,虽然液滴脱落直径增大,但是其整个生长周期反而变小。

综合以上的分析,过冷度对于冷凝传热性能的影响是多方面的。一方面较大的过冷度促进了液滴的生长速度,缩短了液滴的生长周期,有利于冷凝传热,但同时又增大了液滴的脱落直径,使得表面的残液量增多,增大了界面传热阻力。较大的过冷度可以促进冷凝传热的进行,增大冷凝传热量,但由于脱落直径较大,界面传热阻力较大,反而使得冷凝传热系数变小。

2.3　表面微纳结构修饰强化冷凝技术

在探索实现滴状冷凝的表面改性研究中,通过物理化学方法在金属表层上直接形成低能表面是最为理想的表面改性工艺。与其他方法相比,金属低能表面具有热阻小、结合紧密不脱落、不污染介质等显著优点。本节主要介绍通过热氧化法以及控制氧化法等不同方法在纯钛表面制备具有不同表面能的传热面,通过可视化实验对不同表面的传热性能进行分析评价。同时,进一步分析不同表面改性工艺制备的冷凝表面化学成分、微观结构及作用机理,为实现金属表面滴状冷凝提供一种新的研究方法和探索思路。

2.3.1　制备方法及表面结构

1. 热氧化表面制备方法

热处理氧化法是在含氧气氛中对金属加热一段时间,使其表面生成一层氧化膜的一种表面处理方法。例如,钛在空气中受热时与氧反应速度很快,氧进入钛表面晶格中,会形成一层致密的表面氧化膜,膜的成分随厚度而改变,接近金属的膜内表面是 TiO,中间是 Ti_2O_3,上表面是 TiO_2。

2. 控制氧化表面制备方法

改变金属表面能的方法很多,其中近年来发展起来的控制表面氧化法是较为简单和成熟的方法之一。该方法主要是通过在一些金属表面上构建氧化物纳米结构,来影响金属表面的润湿性。钱柏太等采用过硫酸钾和氢氧化钾混合液在金属铜表面制备处理具有花朵状结构的 CuO 纳米膜;Hou 和 Zhang 采用过硫酸盐的碱性溶液处理金属铜,在表面上获得 CuO 纳米管带阵列;Yu 和 Zhang 等用甲酰胺溶液处理金属锌,在金属锌表面产生 ZnO 纳米管及纳米棒阵列;Wu 等用过氧化氢溶液处理金属钛表面,在其表面上形成 TiO_2 多孔膜和纳米棒阵列。

2.3.2　表面润湿性变化

1. 经热氧化处理后表面接触角变化

将打磨、清洗好准备热氧化试样编号为 2#-a,2#-b 及 2#-c,放入热处理炉中,分别在 200℃(2#-a)、420℃(2#-b)及 550℃(2#-c)热氧化 120 min,并自然冷却至室温,使试样表面产生一层氧化膜,然后再将试样放置于饱和蒸汽中预处理 48 h。经过热氧化后,可观察到试样 2#-a 表面呈银白色,2#-b 为金黄色,而 2#-c 表面则为蓝色。分别测量热氧化处理后试样表面不同位置接触角并取其平均值,水和二碘甲烷在各试样表面的静态接触角形态和测量值如图 2-36 所示。

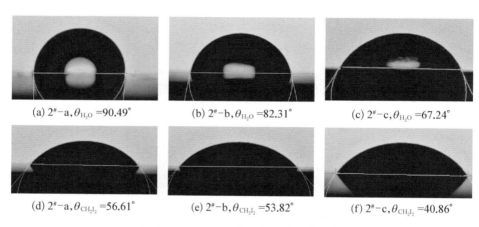

(a) 2#-a,θ_{H_2O} =90.49°　　(b) 2#-b,θ_{H_2O} =82.31°　　(c) 2#-c,θ_{H_2O} =67.24°

(d) 2#-a,$\theta_{CH_2I_2}$ =56.61°　　(e) 2#-b,$\theta_{CH_2I_2}$ =53.82°　　(f) 2#-c,$\theta_{CH_2I_2}$ =40.86°

图 2-36　不同热氧化表面静态接触角

2. 经控制氧化处理后表面的接触角变化

分别采用控制表面氧化法、化学刻蚀法以及化学刻蚀后再表面氧化等工艺对纯钛试样表面进行氧化处理,预处理及控制氧化工艺如表 2-5 所示。实验前先测量水及二碘甲烷在试样表面的静态接触角,测量数据及照片如图 2-37 所示。

表 2-5　试样表面制备工艺

试样编号	表面前处理	化学刻蚀	控制氧化
3#-a	2000# 砂纸打磨,无水乙醇、去离子水清洗	5%(质量分数)氢氟酸刻蚀,室温、5 min,清洗,80℃烘干	未处理

续　表

试样编号	表面前处理	化学刻蚀	控制氧化
3#-b	2000# 砂纸打磨、无水乙醇、去离子水清洗	未处理	15%（质量分数）双氧水浸泡，90℃、90 min，清洗，80℃烘干
3#-c	2000# 砂纸打磨、无水乙醇、去离子水清洗	5%（质量分数）氢氟酸刻蚀，室温、5 min，清洗，80℃烘干	15%（质量分数）双氧水浸泡，90℃、90 min，清洗，80℃烘干

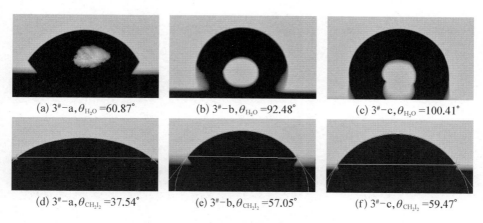

(a) 3#-a, $\theta_{H_2O} = 60.87°$　　　(b) 3#-b, $\theta_{H_2O} = 92.48°$　　　(c) 3#-c, $\theta_{H_2O} = 100.41°$

(d) 3#-a, $\theta_{CH_2I_2} = 37.54°$　　　(e) 3#-b, $\theta_{CH_2I_2} = 57.05°$　　　(f) 3#-c, $\theta_{CH_2I_2} = 59.47°$

图 2-37　不同改性表面静态接触角

2.3.3　强化传热的效果及机理

本小节主要介绍对热氧化处理和控制氧化处理后的钛表面的传热性能方面的研究。

1. 蒸汽在热氧化钛表面冷凝传热规律

（1）热氧化表面冷凝形貌

对热氧化表面在各热流密度下进行传热特性实验，实验状态稳定后进行数据采集和图像拍摄。在蒸汽流速为 $u = 3.0$ m/s 相近过冷度条件下，不同试样表面实验照片如图 2-38 所示。由图可知，在相同或相近过冷度条件下，不同热氧化处理试样表面的冷凝形貌与纯钛表面类似，均观察到滴状冷凝与膜状冷凝共存的冷凝形式，但也存在较大差异，主要体现在滴状区与膜状区分布不同。试样 2#-a 冷凝面滴状区面积比率较相同过冷度条件下纯钛试样有所提高，在过冷度 $\Delta T < 5.8℃$ 时，蒸汽在试样表面呈现较为稳定的滴状冷凝，不

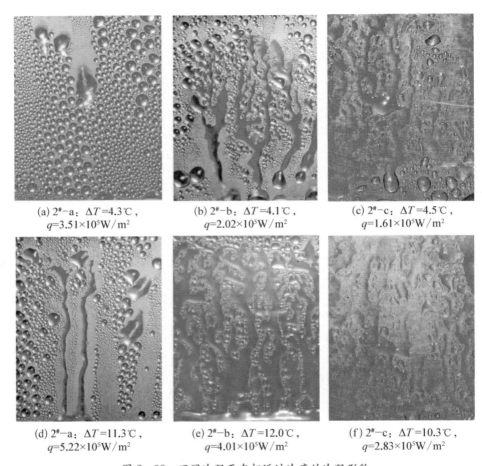

(a) 2#-a：$\Delta T=4.3℃$，
$q=3.51×10^5W/m^2$

(b) 2#-b：$\Delta T=4.1℃$，
$q=2.02×10^5W/m^2$

(c) 2#-c：$\Delta T=4.5℃$，
$q=1.61×10^5W/m^2$

(d) 2#-a：$\Delta T=11.3℃$，
$q=5.22×10^5W/m^2$

(e) 2#-b：$\Delta T=12.0℃$，
$q=4.01×10^5W/m^2$

(f) 2#-c：$\Delta T=10.3℃$，
$q=2.83×10^5W/m^2$

图 2-38　不同冷凝面在相近过冷度的冷凝形貌

存在沟流液膜,液滴形成、生长、合并、脱落过程明显。随着过冷度继续增大,会有个别液滴拉长为沟流液膜,此时冷凝面上可观察到不稳定的沟流现象。当过冷度 $\Delta T>8.3℃$ 时,沟流现象逐渐明显,且趋于稳定,但各沟流带明显比相同过冷度条件下纯钛表面细窄。试样 2#-b 的滴状区面积比率在各过冷度条件下都略小于纯钛表面,在小过冷度条件下差别较为明显,随着过冷度增大,其表面冷凝现象与纯钛表面基本一致。而试样 2#-c 表面的滴状冷凝现象基本消失,只有在过冷度较小的条件下,才会出现间歇性的滴状冷凝现象。当过冷度 $\Delta T>11.8℃$ 时,整个表面几乎都被冷凝液膜覆盖。

图 2-39 为不同热氧化试样表面滴状冷凝面积比率随过冷度变化曲线。由图可知,各试样曲线均随着过冷度的提高而降低,整个变化过程中,试样

$2^{\#}$-a的滴状区面积比率最大、试样 $2^{\#}$-b居中、$2^{\#}$-c最小,且随着过冷度增大,各试样之间差别逐渐减小。试样 $2^{\#}$-a、$2^{\#}$-b表面滴状区面积为50%所对应的过冷度分别为15.2℃和6.8℃,试样 $2^{\#}$-c滴状区面积始终不超过一半。与纯钛表面相比,试样 $2^{\#}$-a表面在过冷度 $\Delta T<4.6℃$ 条件下过冷度对冷凝面滴状冷凝面积比率基本无影响;而当 $\Delta T>4.6℃$ 时,开始出现沟流液膜,且过冷度对滴状区面积比率影响较纯钛表面更为明显。试样 $2^{\#}$-b 和 $2^{\#}$-c 表面受过冷度影响较纯钛表面平缓,且相同过冷度条件下,滴状冷凝面积比率都小于纯钛表面。

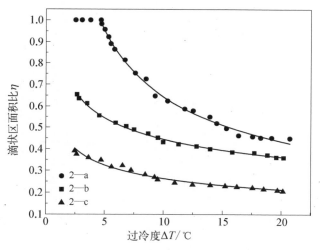

图 2-39　不同试样表面滴状区面积比随过冷度的变化曲线

(2) 热氧化表面冷凝特征曲线

图 2-40是纯钛表面冷凝特征曲线,图 2-41、图 2-42 和图 2-43 分别列出各热氧化试样表面热通量及冷凝传热系数随过冷度变化曲线。由图可知,各表面热通量都随过冷度的增大而提高,而表面传热系数则随过冷度增大而降低,曲线变化趋势与纯钛表面类似。

比较图 2-40 与图 2-41~图 2-43 可得,在相同过冷度条件下,试样 $2^{\#}$-a表面热通量与传热系数都略高于纯钛表面,过冷度 $\Delta T<5℃$,约为纯钛表面的1.5倍;而当过冷度超过14℃时,热通量和传热系数降为纯钛表面的1.1倍。试样 $2^{\#}$-b 表面热通量和传热系数比纯钛表面稍低,在相同过冷度条件下,为纯钛表面的 90%~95%。而试样 $2^{\#}$-c冷凝面的热通量则明显小于纯钛表面,相同过冷度时,不超过纯钛表面 67%。

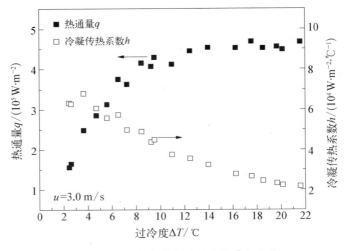

图 2-40　蒸汽在钛表面的冷凝特征曲线

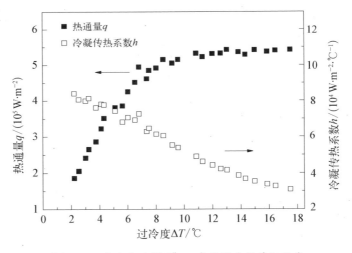

图 2-41　蒸汽在试样 2#-a 表面的冷凝特征曲线

　　通过上述对不同冷凝表面实验数据的分析及对冷凝形貌的观察,不同热氧化工艺表面冷凝传热特性存在较大差别,200℃热氧化表面的冷凝特性优于纯钛表面,其他两种热氧化表面冷凝传热特性较纯钛表面降低。

　　2. 蒸汽在控制氧化钛表面冷凝传热规律

　　(1)化学刻蚀及控制氧化表面冷凝形貌

　　图 2-44 为水蒸气在不同改性表面的冷凝形貌,为消除过冷度对试样表面的冷凝形貌的影响,各冷凝试样对比照片在相同或相近过冷度条件下选取。

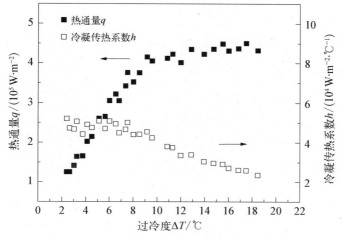

图 2-42　蒸汽在试样 $2^\#-b$ 表面的冷凝特征曲线

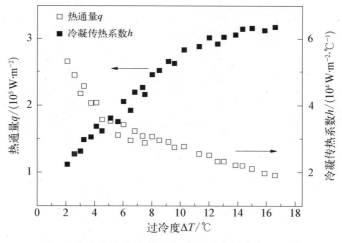

图 2-43　蒸汽在试样 $2^\#-c$ 表面的冷凝特征曲线

由图可知,蒸汽在各冷凝面冷凝形貌存在较大差异。饱和干蒸汽在试样 $3^\#-a$ 表面呈现明显的膜状冷凝,而非滴膜共存冷凝形式,实验过程中,在小过冷度($\Delta T < 4.0$℃)条件下会观察到冷凝面小范围内出现间歇性的冷凝液滴,但是滴状区面积较小,且不稳定。当过冷度较大时,则整个冷凝表面被液膜覆盖,无冷凝液滴存在。过冷度 $\Delta T < 9.0$℃时蒸汽在试样 $3^\#-b$ 和 $3^\#-c$ 表面都呈现稳定的滴状冷凝,无沟流液膜出现,但试样 $3^\#-b$ 冷凝面上液滴脱落直径较试样 $3^\#-c$ 更大,生长周期较试样 $3^\#-c$ 更长。此外,液滴滑落过程中,在试样

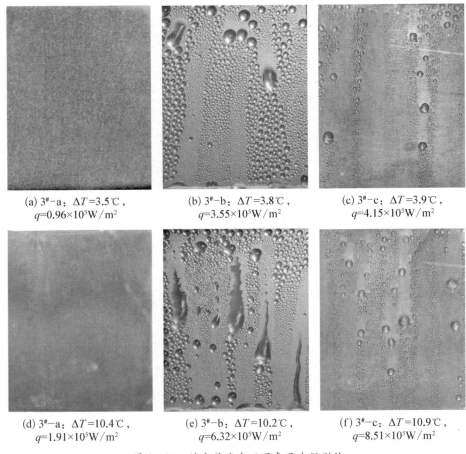

(a) 3#-a：$\Delta T=3.5℃$，
$q=0.96×10^5\text{W}/\text{m}^2$

(b) 3#-b：$\Delta T=3.8℃$，
$q=3.55×10^5\text{W}/\text{m}^2$

(c) 3#-c：$\Delta T=3.9℃$，
$q=4.15×10^5\text{W}/\text{m}^2$

(d) 3#-a：$\Delta T=10.4℃$，
$q=1.91×10^5\text{W}/\text{m}^2$

(e) 3#-b：$\Delta T=10.2℃$，
$q=6.32×10^5\text{W}/\text{m}^2$

(f) 3#-c：$\Delta T=10.9℃$，
$q=8.51×10^5\text{W}/\text{m}^2$

图 2-44　饱和蒸汽在不同表面冷凝形貌

3#-b 的表面接触角滞后现象也比试样 3#-c 更为明显。当表面过冷度 $\Delta T>$
9.0℃时，接触角滞后导致少部分液滴在试样 3#-b 表面滑落过程中被拉长，形
成不稳的沟流液膜，但是整个表面的滴状冷凝特征仍然十分明显。试样 3#-c
表面始终保持稳定滴状冷凝，未观察到冷凝液膜现象。

（2）化学刻蚀及控制氧化表面冷凝特征曲线

图 2-45、图 2-46 和图 2-47 分别为试样 3#-a、3#-b 及 3#-c 表面热通
量及冷凝传热系数随过冷度的变化曲线。各试样热通量都随着过冷度的提高
而增大，冷凝传热系数则逐渐降低，这与纯钛表面冷凝特性曲线变化规律相
似，只是变化速度有所减缓。虽然如此，但是导致各试样传热特性下降的原因
与纯钛存在很大差别：试样 3#-a 表面冷凝液膜随过冷度增大而增厚，导致热

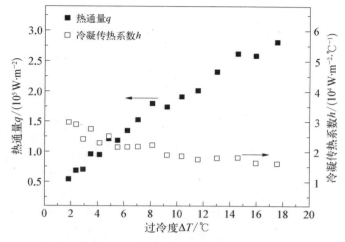

图 2-45　蒸汽在试样 3#-a 表面的冷凝特征曲线

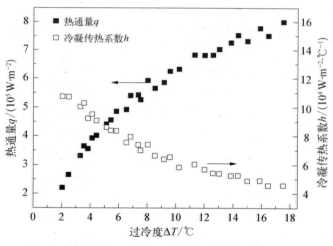

图 2-46　蒸汽在试样 3#-b 表面的冷凝特征曲线

阻变大,冷凝表面传热系数下降;试样 3#-b 表面产生沟流液膜而导致冷凝表面传热系数下降,此外,液滴脱落直径增大也是一个影响因素;试样 3#-c 则主要是由于液滴脱落直径和脱落周期随过冷度提高而逐渐增大,导致单个液滴导热热阻增大,液滴刷新频率降低,进而导致冷凝表面传热系数随过冷度增大而逐渐下降。

将改性表面冷凝实验数据与纯钛表面对比,试样 3#-a 表面为膜状冷凝,在相同过冷度时热通量和冷凝传热系数都低于其他试样,约为纯钛表面的

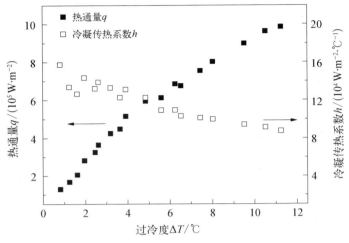

图 2-47 蒸汽在试样 3#-c 表面的冷凝特征曲线

35%～50%。试样 3#-b 和 3#-c 均为较稳定的滴状冷凝,热通量和冷凝传热系数明显高于纯钛表面,分别为相同过冷度时纯钛表面的 1.8 倍和 2.3 倍。

3. 实验值与经典传热模型对比

水蒸气在不同表面冷凝形貌差异较大的主要原因是各表面的静态接触角不同。实验过程中,随着静态接触角增大,一方面,试样表面冷凝形貌由膜状冷凝转变为滴膜共存的混合冷凝形式,最后转变为完全的滴状冷凝;另一方面,冷凝液滴脱落直径随着试样表面静态接触角增大逐渐变小,液滴生长周期也相应缩短。此外,过冷度对蒸汽在试样表面冷凝形貌也有较大影响,过冷度 ΔT 越大,同一冷凝面上液滴脱落直径越大,滴状区面积比率则呈减小趋势。

各试样冷凝实验热通量随表面过冷度变化曲线如图 2-48 所示,除各实验数据点外,图中还给出 Nusselt 层流膜状冷凝和 Rose 滴状冷凝模型的计算值。由图可知,各试样表面热通量都介于 Rose 滴状冷凝模型与 Nusselt 层流膜状冷凝模型之间,且随着过冷度的增大,实验值与经典模型之间偏差也逐渐变大,虽然如此,各实验数据与经典模型的变化趋势基本保持一致。

比较实验数据和 Rose、Nusselt 冷凝传热模型结果可知,虽然试样 2#-a 在过冷度 $\Delta T < 5.8℃$,3#-b 表面在 $\Delta T < 9.0℃$ 时,以及 3#-c 表面都呈现稳定的滴状冷凝,但只有试样 3#-c 在过冷度小于 4.0℃ 时冷凝实验数据才能够与 Rose 模型较为吻合,当过冷度继续增大,实验值与模型值差别逐渐变大。而试样 2#-a 及 3#-b 表面即使在形成滴状冷凝阶段,其实验数据与 Rose 模型也始终存在较大偏差。试样 3#-a 表面呈现较为稳定的膜状冷凝,其实验值

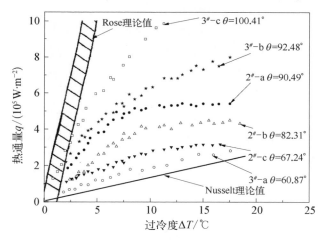

图 2-48　不同表面热通量随过冷度变化特征曲线

与 Nusselt 理论值较为吻合。试样 $2^\#$-b 表面为滴膜共存冷凝,试样 $2^\#$-a、$3^\#$-b 表面过冷度较大时也产生滴膜共存现象。由于上述试样表面都存在冷凝液膜,其冷凝特性曲线都明显低于 Rose 模型,但是在冷凝过程中同时也存在液滴,各冷凝特性曲线也明显高于 Nusselt 层流膜状冷凝模型计算值。因此,上述存在滴膜共存表面冷凝传热都不适宜采用 Rose 和 Nusselt 模型计算。

4. 冷凝表面性质对传热性能的影响

如前所述,固体表面接触角对蒸汽冷凝形貌影响很大,根本原因在于不同接触角表面的表面能存在差异。冷凝表面的化学组成和微观形貌是导致接触角与表面能差异的重要原因。实验过程中通过热氧化、化学刻蚀及控制氧化等方法改变试样表面的润湿性,从而获得不同的冷凝形态。通过冷凝表面的接触角、表面能以及化学组成和微观形貌的研究,掌握不同表面冷凝形貌的变化规律具有重要意义。

1) 静态接触角及表面能对冷凝传热特性的影响

蒸汽在试样表面的冷凝形貌与试样表面接触角及表面能密切相关,图 2-49 从理论上给出不同接触角表面热通量随过冷度的变化规律,证明在一定范围内接触角增大对冷凝传热具有强化效果。图 2-50 为不同过冷度条件下,热通量与静态接触角关系曲线。由图可以看出,对同一过冷度冷凝表面的热通量都随着接触角的增大而逐渐增大。在小接触角亲水表面,接触角变化对热通量影响较小,实验曲线变化较为平缓。随着接触角增大,特别是在接触角 $\theta \geqslant 90°$ 且冷凝形式为滴状冷凝的疏水表面时,接触角的变化对热通量影响较大。此外,比较不同过冷度实验曲线可知,过冷度 ΔT 在 4℃左右时,接触角对热通量的影响最小,表面冷凝传热系数下降比较缓和,随过冷度增大,接触角对热通量影响逐渐增强,传热系数随接触角的增大,下降趋势明显增强;过冷度 ΔT 在 12℃左右时,传热系数变化趋势最为明显。这说明在同一冷凝面低过冷度更容易产生和维持滴状冷凝,且能够在接触角 $\theta < 90°$ 条件下继续维持部分滴状冷凝。而当过冷度较大时,冷凝面更容易产生沟流液膜,不利于小接触角表面滴状冷凝的形成。当过冷度增大到一定程度,接触角略大于 90° 的疏水表面也观察到沟流液膜的存在。

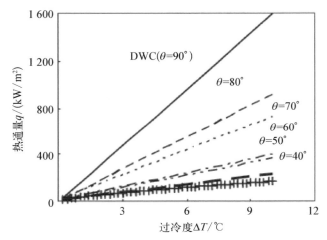

图 2-49 不同接触角表面热通量随过冷度变化曲线

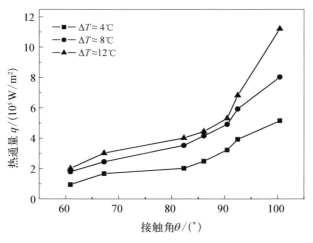

图 2-50 不同过冷度条件下接触角与热通量关系曲线

实验前测得不同表面的接触角(θ),根据所测接触角计算表面能 γ 的极性分量 γ^{p} 和色散分量 γ^{d}。

根据测得的不同表面的水和二碘甲烷的接触角值,采用 Owens 二液计算法,计算各自表面能及其分量:

$$\gamma^{p} = \left(\frac{137.5 + 256.1 \cos \theta_{H_2O} - 118.6 \cos \theta_{CH_2I_2}}{44.92}\right)^{2} \qquad (2-20)$$

$$\gamma^{d} = \left(\frac{139.9 + 181.4 \cos \theta_{CH_2I_2} - 41.5 \cos \theta_{H_2O}}{44.92}\right)^{2} \qquad (2-21)$$

$$\gamma = \gamma^{d} + \gamma^{p} \qquad (2-22)$$

应用上述理论计算得到室温下各试样的表面能及其分量,结果列于表 2-6 中。

表 2-6　不同试样表面接触角和表面能

试　样	静态接触角 $\theta/(°)$		表面自由能 $\gamma/(mJ \cdot m^{-2})$			冷凝形貌
	H_2O	CH_2I_2	γ^{p}	γ^{d}	γ	
$1^{\#}$	86.06°	54.18°	3.64	29.31	32.95	滴膜共存
$2^{\#}-a$	90.49°	56.61°	2.43	28.56	30.99	滴状→滴膜共存
$2^{\#}-b$	82.31°	53.82°	5.13	28.88	34.01	滴膜共存
$2^{\#}-c$	67.24°	40.86°	10.69	33.77	44.46	滴膜共存→膜状
$3^{\#}-a$	60.87	37.54	14.00	34.42	48.42	膜状冷凝
$3^{\#}-b$	92.48	57.05	1.90	28.63	30.53	滴状→滴膜共存
$3^{\#}-c$	100.41°	59.47°	0.48	28.44	28.92	滴状冷凝

对比分析表 2-6 中各试样表面能数据可知,蒸汽在不同表面能范围对应的冷凝形貌存在较大差异。只有表面能低至 28.92 $mJ \cdot m^{-2}$ 时,实验过程中才能保持稳定的滴状冷凝。而当表面能在 30.53 $mJ \cdot m^{-2}$ 和 30.99 $mJ \cdot m^{-2}$ 时,低过冷度条件下能够保持滴状冷凝,过冷度增大时,冷凝形态逐渐转变为滴膜共存。表面能在 32.95 $mJ \cdot m^{-2}$ 和 34.01 $mJ \cdot m^{-2}$ 时,蒸汽在试样表面始终保持滴膜共存冷凝形态。当表面能为 44.46 $mJ \cdot m^{-2}$ 时,只有在低过冷度下才能维持滴膜共存冷凝,过冷度稍高就会转化为膜状冷凝,而当表面能达到 48.42 $mJ \cdot m^{-2}$ 时,冷凝面上始终维持膜状冷凝形态。

根据以上数据可以推断,蒸汽在钛表面的冷凝形貌是一个随表面能渐变的过程,即随表面能的增大,冷凝形貌逐渐从稳定的滴状冷凝转变为滴膜共存冷凝,最后转变为完全的膜状冷凝形态。在转变过程中,每个过冷度都存在这样的两个表面能临界值 γ_1 和 γ_2,当试样表面能 $\gamma < \gamma_1$ 时,冷凝面维持稳定滴状冷凝;当 $\gamma > \gamma_2$ 时,冷凝面则呈现完全的膜状冷凝;当 $\gamma_1 < \gamma < \gamma_2$ 时,蒸汽的冷凝形态则为滴膜共存,且 γ 越靠近 γ_1,滴状区面积比率越大。

目前多数研究认为,蒸汽冷凝形态转变的临界表面能为定值,或者认为液-固界面能差为一定值。然而,通过实验研究发现,蒸汽冷凝形态转变温度除与冷凝面表面能有关外,还与过冷度关系密切。图 2-51 列出不同过冷度条件下,滴状冷凝向滴膜共存冷凝转变临界表面能 γ_1 和滴膜共存冷凝向膜状冷凝转变表面能 γ_2 的实验测量数据点及实验外推数据点。由图 2-51 可以看出,临界表面能 γ_1 和 γ_2 随着过冷度的 ΔT 的增大而逐渐降低,而非一定值。

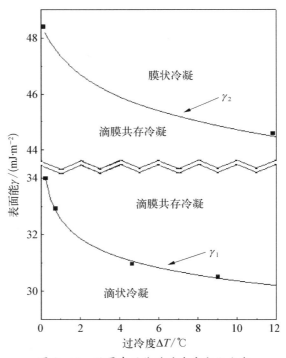

图 2-51　临界表面能随过冷度变化曲线

2)表面化学成分对冷凝传热特性的影响

影响固体表面润湿性的一个重要因素就是其表面的化学组成,通过控制和改变固体表面的化学组成,可以改变固体表面自由能从而改变蒸汽在其表面的冷凝形态。

(1)热氧化表面化学成分对冷凝传热的影响分析

如前所述,纯钛在空气中受热时与氧的反应速度及产物与温度密切相关,氧化膜的厚度随温度和阳极电位而变化,膜的成分随厚度而改变。实验过程中,纯钛在不同温度热氧化处理后可以观察到钛表面颜色发生了变化,说明经过不同温度氧化后钛表面生成了不同结构和厚度的氧化膜。氧化膜的结构和厚度不同,则氧化膜的光通量和对光的折射率、反射率均不同,因而产生不同的光的干涉效应,使光的混合比例产生改变,而呈现不同的色彩,但表面氧化生成的氧化物基本主体都是 TiO_2。

　　200℃热氧化表面氧化膜与纯钛表面相同,仍为非晶结构,氧化层 XRD 衍射分析结果如图 2-52 所示。但在热氧化过程中,氧化膜增厚,且氧与表面 Ti 原子结合,迅速填补了氧化层中氧空穴形成桥位氧。桥位氧占据了氧化层表面空穴,导致表面无法形成化学吸附水位,同时已有化学吸附水位也被氧所代替,从而导致氧化层与水的亲和力降低,表面能下降。

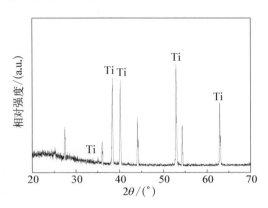

图 2-52　200℃热氧化表面 XRD 图谱

　　温度继续升高后表面 TiO_2 产生电子空穴,空穴会与表面桥位氧发生反应,导致 Ti—O 键断裂,使桥位氧脱离表面产生氧空缺,同时电子与 TiO_2 表面上的五维四价 Ti 原子或者六维四价 Ti 原子反应,生成四维三价 Ti 原子或者五维三价 Ti 原子,随后吸附在表面上的水同氧空缺反应形成吸附的羟基,而羟基具有很强的吸附作用,从而产生了羟基化学吸附层,由于羟基和水分子的相互作用较强,从而导致氧化层表面与水的亲和力增强,表面能提高。

　　此外,随着热氧化温度的提高氧化膜结构也发生了转变,如图 2-53 所示。由氧化层 XRD 衍射分析结果,420℃热氧化处理后,表面二氧化钛为锐钛矿晶体结构,而 550℃热氧化后,表面为金红石和锐钛矿混合结构。液体在不同晶体结构表面的接触角存在差异,已有文献对氧化钛薄膜的表面能及其色散分量和极化分量进行了测试,根据单位面积上的断键数及其键能对表面能进行粗略估算,认为纯钛和非晶结构表面能较高,金红石型晶体结构表面能最低。徐禄祥等对不同晶体结构 TiO_2 薄膜的接触角和表面能实验数据进行了对比研究,得到类似结论。虽然锐钛矿和金红石型 TiO_2 薄膜表面能较低,但由于这两种晶体结构具有光致亲水性从而降低水在其表面的接触,这可能是

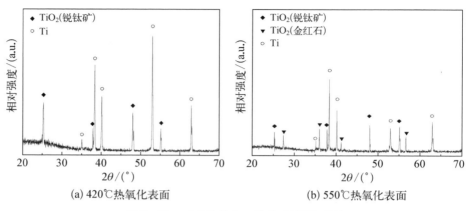

(a) 420℃热氧化表面　　　　　　(b) 550℃热氧化表面

图 2-53　不同热氧化工艺表面 XRD 图谱

导致实验过程中 420℃和 550℃热氧化处理表面的冷凝形貌和传热特性都较 200℃热氧化表面差的一个重要原因。

（2）控制氧化表面化学成分对冷凝传热的影响分析

钛试样在氢氟酸溶液刻蚀过程中,表面氧化膜会与氢氟酸发生反应:

$$TiO_2 + 6HF \longrightarrow H_2TiF_6 + 2H_2O \qquad (2-23)$$

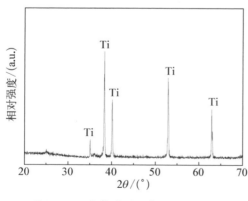

导致表面氧化膜溶解,试样表面裸露出纯钛,氢氟酸刻蚀表面 XRD 衍射分析结果如图 2-54 所示。

经双氧水控制氧化表面(试样 3#-b)及氢氟酸刻蚀后再双氧水控制氧化表面(试样 3#-c)XRD 能谱如图 2-55 所示。由图可以看出,试样表面可以检测到锐钛矿型 TiO_2 晶体,这说明控制氧化表面产生了一层锐钛矿晶体结构的氧化钛薄膜。虽然锐钛矿薄膜的

图 2-54　氢氟酸刻蚀表面 XRD 图谱

表面能低于纯钛表面,能够促进蒸汽在其表面由膜状冷凝向滴状冷凝转化,但这还不足以使蒸汽在其表面形成完全滴状冷凝。因此,需要对试样表面的微观结构作进一步分析。

3）表面微观结构对冷凝传热特性的影响

试样表面的微观结构是影响固体表面润湿性的另一个重要因素,不同微

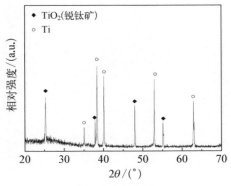
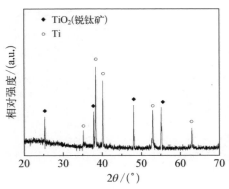

(a) 15%(质量分数)H₂O₂直接氧化表面　(b) 5%(质量分数)HF刻蚀后,15%H₂O₂氧化表面

图 2-55　不同控制氧化表面 XRD 图谱

观结构表现出不同的物理化学性质。由 Young 方程可知,通过控制和改变固体表面微观结构,使固体表面自由能降低,可以提高固体表面的疏水性,获得较大的接触角。此外,对于总是具有一定粗糙度的实际固体表面,表面润湿性是由表面化学组成、微观结构和粗糙度共同决定的。因此,要比较准确地描述固体表面的润湿性,就必须同时考虑固体表面化学组成、微观结构以及表面粗糙度等因素对表面接触角的影响。

图 2-56 为经氢氟酸刻蚀后钛表面不同放大倍数的 SEM 照片,为作对比,纯钛表面在大气中放置 60 天 SEM 照片列于图 2-57 中。由图可见,与纯钛表面相比,经氢氟酸刻蚀后的钛表面出现了许多微米级的凹坑,这是由于晶粒界面的优先溶解而产生的。由于凹坑的形成使得水滴与表面发生湿式接触,即水滴处于 Wenzel 模型表述状态,由 Wenzel 模型理论:

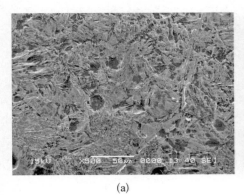
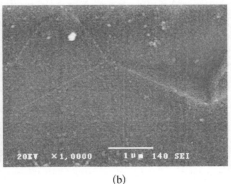

(a)　　　　　　　　　　　　(b)

图 2-56　氢氟酸刻蚀表面 SEM 照片

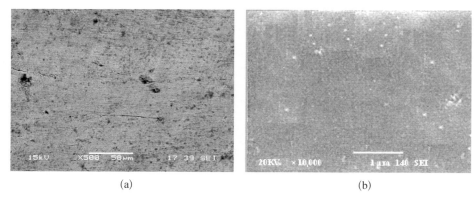

(a)   (b)

图 2-57　纯钛表面 SEM 照片

$$\cos \theta_{w} = r(\gamma_{sv} - \gamma_{sl})/\gamma_{lv} = r\cos \theta_Y \qquad (2-24)$$

式中，θ_w 为表观接触角；θ_Y 为本征接触角；r 为粗糙度因子，是粗糙表面的实际面积与投影面积之比。由于 $r > 1$，故由上式可推断，表面粗糙度的存在会使水滴与表面接触角减小，进而导致蒸汽在其表面呈现膜状冷凝。

经双氧水控制氧化后的钛表面不同放大倍数的 SEM 照片如图 2-58 所示。由图可以看出，过氧化氢控制表面氧化处理后的表面均匀地覆盖了一层纳米级的无定形 TiO_2 多孔膜。这层 TiO_2 多孔膜是导致钛表面具有较好疏水性的主要原因。

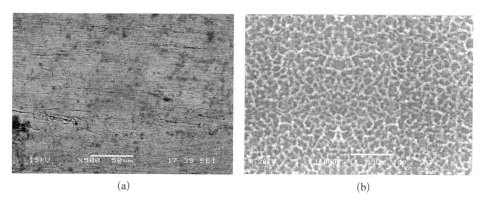

(a)   (b)

图 2-58　双氧水控制氧化表面 SEM 照片

图 2-59 是氢氟酸刻蚀后再经双氧水控制氧化后表面 SEM 照片。在两步处理后，由氢氟酸刻蚀所产生的微米级凹坑仍然保留在表面，同时由双氧水氧化形成的亚微米级 TiO_2 多孔膜及纳米棒阵列覆盖于晶粒表面，凹坑、多孔

膜以及纳米棒阵列共同构成了一个具有微米、亚微米和纳米多重粗糙度的表面结构。这一结构与荷叶表面上微米乳突和纳米突起共同作用而产生的疏水性情况类似。此外，Wu 等还在采用与本章试样 3#-c 类似的控制氧化处理工艺的表面上发现有纳米阵列棒的存在，如图 2-60 所示，TiO_2纳米棒阵列也是导致钛表面具有较好疏水性的重要原因。

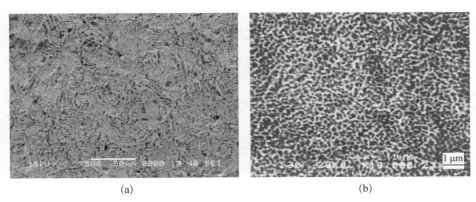

(a)　　　　　　　　　　　(b)

图 2-59　氢氟酸刻蚀后双氧水氧化表面 SEM 照片

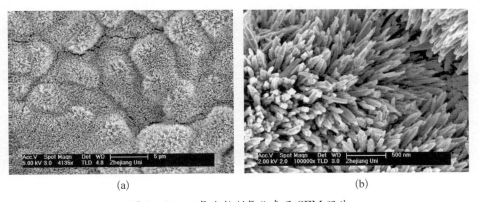

(a)　　　　　　　　　　　(b)

图 2-60　双氧水控制氧化表面 SEM 照片

根据液滴与粗糙固体表面接触的 Cassie 模型，由于水滴不能渗入到具有多重粗糙度表面的粗糙结构中，导致空气滞留在表面的凹陷处，这样水滴实际上是留在由固体和空气组成的复合表面上。假设在水滴下面水滴与固体的接触界面占复合界面的面积分数为 ϕ_s，水滴与空气的接触界面所占的面积分数为 $1-\phi_s$，由于空气与水接触角为 $180°$，根据 Cassie 模型表观接触角应满足以下关系：

$$\cos\theta_C = \phi_s \cos\theta_e + (1-\phi_s)\cos 180° = -1 + \phi_s(\cos\theta_e + 1) \quad (2-25)$$

式中,θ_C为表观接触角。由此式可以推断,如果表面的粗糙结构可以稳定地捕获空气,那么其表观接触角就会增大。因此,该结构表面的静态接触角较试样$3^\#$-b更大,传热性能也较试样$3^\#$-b有所提高。其他一些研究者也在经不同处理后的多重粗糙度表面上获得与该实验类似的结论。

此外,在对热氧化表面微观形貌进行观察和研究的过程中,未观察到与纯钛表面不同的微观结构,其表面能改变主要是由于化学成分及晶体结构的改变而引起的,因此文中未对热氧化表面的微观形貌加以详细论述。试样在空气中放置3个月或进行100 h实验后,其静态接触角及冷凝实验等数据都没有发生明显变化,这表明所制备的试样表面具有很好的时间稳定性。

第 3 章
基于分形理论的竖壁平板表面通用冷凝传热模型

3.1 概述

目前对滴状冷凝和膜状冷凝传热模型的研究较为成熟，与之相关的报道较多，诸多冷凝传热模型主要从理论推导和实验数据拟合两个方面获得。然而，实验中观察到的滴膜共存冷凝传热，无论实验研究方面还是冷凝传热模型建立方面的相关研究成果都很少。基于对滴膜共存冷凝实验现象的研究和分析，引入分形理论，利用 Rose 滴状冷凝传热模型以及能量最小原理，将滴膜共存冷凝分为滴状区和膜状区两部分分别进行分析，从而建立滴膜共存冷凝传热模型，并将模型计算值与实验值及文献数据进行对比分析。

3.2 滴膜共存冷凝传热模型的建立

滴膜共存是介于膜状冷凝和滴状冷凝之间的一种冷凝模式，冷凝液在固体表面上以液膜和液滴两种形态共同存在。该形态为非稳态过程，在外界条件发生变化时可能会转化为膜状冷凝或者滴状冷凝。即使在维持滴膜共存冷凝形态下，冷凝面上滴状区和膜状区面积比率影响因素也较多，因此其表面传热系数变化范围很大，通常在 1～2 个数量级内。在计算滴膜共存冷凝传热过程中，将滴状冷凝和膜状冷凝划分为两个相对独立的区域，对滴状区和膜状区的冷凝传热分别进行建模和计算，将两区域传热量之和视为滴膜共存冷凝总的传热量。

3.2.1 滴状区冷凝传热模型

典型的滴状冷凝传热模型为 Rose 模型，其基本思路是：首先得到单个液滴的稳态传热量，然后求液滴的大小分布，最后通过积分求得通过整个表面的热通量。由于冷凝传热过程十分复杂,为简化计算,在建立滴状冷凝传热模型前,首先对冷凝过程作如下几点假设。

(1)整个冷凝壁面上液滴分布是确定的,而各液滴所处冷凝壁面的位置是随机的;

(2)蒸气在冷凝壁面上自然对流冷凝,冷凝壁面上各点发生不同大小液滴的随机冷凝传热,统计结果表现为冷凝壁面温度均匀;

(3)液滴呈球缺形,并以导热方式传递热量,没有液滴覆盖的冷凝壁面不存在热量传递;

(4)冷凝液的定性温度取蒸气与冷凝表面温度的算术平均值。

1. 初始液滴成核密度

冷凝与沸腾是一对相反但却相似的相变传热过程。沸腾传热过程中,只有当固体壁面上的有效空穴尺寸等于或接近于液体产生临界气核所需尺寸时,核沸腾才易于发生。滴状冷凝过程也应类似,当材料表面上存在形状适宜、尺寸与临界液核相近的凝结核心时,液滴才会在其上形成。核心越多,初始液滴越多,液滴也越易于合并,过多的成核中心可能导致液滴合并太多、太快,而形成膜状冷凝。根据热力学新相成核理论计算得到滴状冷凝初始临界液核在纳米数量级。

非均相成核是滴状冷凝初始液滴形成的重要过程。Rose 等许多研究者都认为初始液核是在冷凝表面的自然成核点上形成的,并且成核数目对滴状冷凝传热有巨大影响。另一方面,成核数量与冷凝材料的表面特征直接相关,所以冷凝材料的表面特征对滴状冷凝成核密度的影响是至关重要的。许多研究者在滴状冷凝成核密度方面做了大量工作。Wu 和 Maa 等应用液滴数平衡理论计算得到冷凝表面的成核密度为 2×10^7 个/厘米^2。Graham 和 Griffith 等以及 Tanasawa 等采用光学显微镜,实验得到初始液核密度分别为 2×10^8 个/厘米^2 和 10^{10} 个/厘米^2。Mu 等通过实验及理论分析指出,冷凝面成核中心密度随着过冷度及表面形貌的变化而变化,但其范围在 $10^9 \sim 10^{11}$ 个/厘米^2 内,与 Rose 等提出的成核密度公式 $N_s = 0.037/r_{\min}^2$ 计算结果相吻合。其中,N_s 为核化中心密度;$r_{\min}$ 为液滴最小半径。Haraguchi 等采用高倍率的干涉显微镜观察到初始液滴的临界成核中心密度为 $(1.4 \sim 2.8) \times 10^8$ 个/厘米^2。

2. 液滴分形分布函数

蒸气在冷凝面上冷凝时,首先在冷凝表面上的核化中心处随机产生一些离散的初始液滴,随着时间的推移壁面上的液滴越来越多,而且由于蒸气继续在液滴表面上冷凝以及与相邻液滴的互相合并而不断长大,液滴合并后重新裸露出来的冷凝面又产生新的小液滴,这些小液滴又开始新的生长和合并。当液滴尺寸达到脱落直径后,将在外力作用下脱落而形成新的裸露面。

滴状冷凝在时间和空间及液滴尺度上都是一种随机过程,液滴在冷凝面上空间和尺度分布是影响滴状冷凝传热的一个重要因素,早期研究假定液滴均匀分布在冷凝面上,没有考虑到导热的不均匀性和冷凝壁面材料导热系数的影响。Fatica 和 Katz 等在研究中假设在特定区域内液滴尺寸相同、均匀分布生长来计算传热。Wenzel 则假设液滴在冷凝面按正方形排列,且相邻 4 个液滴合并成下一代液滴。但实际上,液滴不可能均匀分布在整个壁面上,而是按照一定规律在冷凝壁面上形成大小不等的液滴分布。Rose 及 Tanasawa 等用计算机模拟液滴在冷凝面上的分布,其计算结果也与各自实验数据较为吻合。此外,还有一些学者根据滴状冷凝实验结果得到一些关于液滴分布的经验公式,但这些关系式只适用于特定的实验条件,不具有普遍意义。

由于冷凝液滴在时间和空间上是一个随机过程,给传热分析计算带来许多困难,至今为止,还没有一个公认的滴状冷凝液滴分布函数的计算模型。随着计算传热学和非线性数学发展,分形理论逐渐被研究者应用到滴状冷凝传热研究中,各国学者也进行了大量的研究。Mu 通过研究冷凝液与镁反应后冷凝面微观形貌,指出液滴在冷凝面上的形成过程符合分形特征,并建立了能够反映表面分形维数对成核中心密度影响的定量关系式。杨春信等在前人研究中积累的实验数据基础上,首次将分形理论应用于滴状冷凝传热分析过程中,提出滴状冷凝是一种典型的分形生长过程。Wu 和 Sun 等也通过研究指出冷凝液滴在冷凝面上服从一种典型的随机分形分布。

液滴在生长合并脱落过程中,液滴分布具有以下重要特征:① 滴状冷凝实际上是一种典型的分形生长过程,大液滴由小液滴合并而成,任意瞬时形成的液滴尺度分布具有自相似性,液滴的尺度分布为分形分布;② 根据分形模型可以推导出滴状冷凝液滴的尺度分布,用重正化方法可以确定分布指数。

(1) 生长液滴尺寸分布函数

根据分形分布特性,冷凝面上大于某一半径 r 液滴的累计数目 $\overline{N}_{dc}$ 与液滴半径大小服从如下关系:

$$\overline{N}_{dc}(r) = \left(\frac{r_c}{r}\right)^{d_f} \tag{3-1}$$

式中,$r_k \leqslant r \leqslant r_c$,$r_k$ 为第 k 代液滴半径;r_c 为临界半径;d_f 为分形维数。当 $r_k = r_{\min}$ 时,上式即为冷凝面上生长的液滴总数。当液滴半径小于 r_c,液滴以蒸气在其表面直接冷凝方式长大,而半径大于 r_c 液滴则以合并方式长大。为求冷凝过程中临界直径,Abu-Orabi 假设临界半径等于冷凝表面上活性核化点间平均距离的一半,并认为核化点按正方形排列,可以得到:

$$r_c = \sqrt{1/4N_s} \qquad (3-2)$$

式中,N_s 为核化中心密度,受过冷度、冷凝面接触角及冷凝液物性等因素影响,不同学者通过实验及计算机模拟得出不同结果,且各文献值差别较大,分布在 $10^8 \sim 10^{13}$ 个/厘米²。核化密度对本文模型有较大影响,计算过程中 $N_s = 2 \times 10^{11}$ 个/厘米² 是一个较为合理取值。对式(3-1)微分并整理,则得到分布在区间 $\left(r - \dfrac{\mathrm{d}r}{2}, r + \dfrac{\mathrm{d}r}{2}\right)$ 中的液滴数目,即为液滴通用尺度分布函数,记为 $f(r)$,则:

$$f(r) = -\frac{\mathrm{d}\overline{N}(r)}{\mathrm{d}r} = \frac{d_f}{r_c} \cdot \left(\frac{r_c}{r}\right)^{d_f+1} \qquad (3-3)$$

式中,$\overline{N}(r)$ 为液滴个数。随机分形模型中分形维数以盒维数计:

$$d_f = d_B = \lim_{\delta \to 0} \frac{\lg N_\delta(A)}{-\lg \delta} \qquad (3-4)$$

式中,d_B 为盒维数,$N_\delta(A)$ 为与 A 相交的尺度为 δ 的分形体的个数。

对于冷凝液滴式(3-4)可表示为

$$d_f = \lim_{r_k \to r_{\min}} \frac{\lg N_{r_k}(\overline{A})}{-\lg(2 \cdot r_k)} \qquad (3-5)$$

其中,能够长大的最小液滴半径为

$$r_{\min} = \frac{2T_{\mathrm{sat}}\sigma}{\rho h_{\mathrm{fg}}\Delta T} \qquad (3-6)$$

式中,$N_{r_k}(\overline{A})$ 为覆盖 $\overline{A}$ 面积的半径为 r_k 的液滴个数。

(2) 合并液滴尺度分布函数

通过合并长大冷凝液滴通用分布函数可表示为

$$A(r) = 1 - \left(\frac{r}{r_{\max}}\right)^n \qquad (3-7)$$

式中,$A(r)$ 为半径大于 r 的液滴所覆盖的面积份额;n 为分布指数;$r_{\max}$ 为最大液滴半径。式(3-7)中分布指数 n 的取值范围很窄,为 $0.313 \sim 0.350$,在实际应用中一般取值为 $1/3$。这样可以从上式中推导出通过合并方式长大的冷凝液滴的尺度分布函数 $F(r)$ 的表达式：

$$F(r) = \frac{\mathrm{d}\,\overline{N}_{\mathrm{co}}(r)}{\mathrm{d}r} = \frac{1}{\pi r^2}\frac{\mathrm{d}A}{\mathrm{d}r} = \frac{n}{\pi r_{\max}^3}\left(\frac{r}{r_{\max}}\right)^{n-3} \qquad (3-8)$$

式中，$\overline{N}_{\mathrm{co}}$ 为单位面积上半径大于 r 的液滴个数；$\dfrac{\mathrm{d}\,\overline{N}_{\mathrm{co}}(r)}{\mathrm{d}r}$ 为分布在区间 $\left(r-\dfrac{\mathrm{d}r}{2},\ r+\dfrac{\mathrm{d}r}{2}\right)$ 中的液滴数目。选择合适的分布指数 n，上式能够很好地描述通过合并长大液滴的尺度分布。

（3）分布函数求解

生长液滴尺寸分布函数 $f(r)$ 及合并液滴尺度分布函数 $F(r)$ 中分别存在分形维数 d_{f} 及分布指数 n 等未知量需要求解。由于分形维数与液滴选取的尺度无关，生长到临界半径液滴的分形维数与整个冷凝表面液滴分布分形维数相等。为确定分形维数 d_{f} 及分布指数 n 值，按照 Wu 等提出随机分形模型重复迭代产生各代液滴。迭代过程中，令小正方形边长与液滴脱落直径相等，即 $Z_1 = 2r_{\max} = 1/m$，式中，m 为冷凝壁面单边划分数（将冷凝壁面按最大液滴的直径作为小正方形的边长划分为 $m \times m$ 个小正方形），当液滴尺寸满足 $Z_\tau \geqslant 2r_{\min}$，$Z_{\tau+1} < 2r_{\min}$ 即停止迭代，此时，整个冷凝面液滴为 τ 代。

按上述模型，冷凝面上任意第 k 代液滴，$r_{\min} \leqslant r_k \leqslant r_{\max}$ 所占面积为

$$N_k A_k = \left(1 - \sum_{i=1}^{k-1} N_i A_i\right) P \qquad (3-9)$$

式中，N_k 为冷凝面上第 k 代液滴数目；A_k 为数量 N_k 的第 k 代液滴所覆盖的冷凝面的面积；P 为有效面积比率，定义为每代液滴所覆盖面积与未被以前各代液滴覆盖面积之比。从式（3-9）可以得到连续两代液滴的关系：

$$N_k A_k = (1-P) N_{k-1} A_{k-1} \qquad (3-10)$$

第 k 代液滴面积可以由冷凝面积 A 与有效面积比率 P 表示为

$$N_k A_k = N_1 A_1 (1-P)^{k-1} = P (1-P)^{k-1} \qquad (3-11)$$

前 k 代液滴总面积 $\overline{A}$ 可表示为

$$\overline{A} = \sum_{i=1}^{k} N_i A_i = 1 - (1-P)^k \qquad (3-12)$$

根据分形模型构造方法,设相邻两代液滴的尺度比为任意常数 γ,则 γ 可表示为

$$\gamma = r_{k-1}/r_k \tag{3-13}$$

则第 k 代液滴半径可由液滴脱落半径表示为

$$r_k = \gamma^{-(k-1)} \cdot r_{\max} \tag{3-14}$$

整个冷凝表面液滴代数 τ 可由下式得出:

$$\tau = \frac{\lg(r_{\max}/r_c)}{\lg \gamma} + 1 \tag{3-15}$$

覆盖液滴总面积 $\bar{A}$ 这一度量空间内,半径为 r_k 的液滴的个数 N_{r_k} 可表示为

$$N_{r_k}(\bar{A}) = \frac{\bar{A}}{(2r_k)^2} = \frac{1-(1-P)^k}{\left[2\gamma^{-(k-1)} \cdot r_{\max}\right]^2}$$
$$= \frac{1}{4} r_{\max}^{-2} \cdot \gamma^{2(k-1)} \cdot \left[1-(1-P)^k\right] \tag{3-16}$$

将式(3-14)、式(3-16)代入式(3-5),即可得到生长液滴分布函数中分形维数计算式:

$$d_{\mathrm{f}} = \lim_{k \to \tau} \frac{\lg\left\{\frac{1}{4} r_{\max}^{-2} \cdot \gamma^{2(k-1)} \cdot \left[1-(1-P)^k\right]\right\}}{-\lg(2 \cdot \gamma^{-(k-1)} \cdot r_{\max})}$$
$$= 2 + \lim_{k \to \tau} \frac{\lg\left[1-(1-P)^k\right]}{(k-1)\lg \gamma - \lg(2r_{\max})} \tag{3-17}$$

冷凝面上最大液滴半径即为脱落半径,可表示为

$$r_{\max} = K \left[\frac{\sigma}{\rho g}\right]^{\frac{1}{2}} \tag{3-18}$$

从热力学角度,液滴从壁面脱落必须在外力作用下克服黏附功才能实现,为便于计算,可将液滴近似为等体积的球冠受力,如图 3-1 所示。

液滴与壁面的接触面积为

$$A_{\mathrm{sl}} = \pi r_k^2 \sin^2 \theta \tag{3-19}$$

黏附功 W_a 表示为

$$W_a = \sigma(1+\cos \theta) \tag{3-20}$$

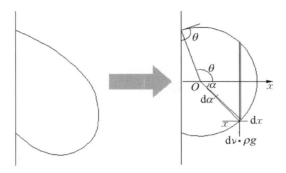

图 3-1　竖直壁面液滴受力分析

由式(3-19)、式(3-20)可得液滴脱落所需克服的总功为

$$W = W_a A_{sl} = \pi r_k^2 \sigma (1 + \cos \theta) \sin^2 \theta \qquad (3-21)$$

液滴对壁面的重力矩为

$$M_g = \int_0^\theta \left[\rho g \pi r_k^4 \sin^3 \alpha (\cos \alpha - \cos \theta) \right] \mathrm{d}\alpha$$

$$= \frac{1}{12} \rho g \pi r_k^4 (3 - 8\cos \theta + 6\cos^2 \theta - \cos^4 \theta) \qquad (3-22)$$

当黏附功与液滴的重力矩功相等时,求得平衡时球冠半径即为液滴脱落半径:

$$r_{\max} = \left[\frac{12\sigma (1 + \cos \theta) \sin^2 \theta}{\rho g (3 - 8\cos \theta + 6 \cos^2 \theta - \cos^4 \theta)} \right]^{\frac{1}{2}} \qquad (3-23)$$

比较式(3-18)与式(3-23)可知:

$$K = \left[\frac{12(1 + \cos \theta) \sin^2 \theta}{(3 - 8\cos \theta + 6 \cos^2 \theta - \cos^4 \theta)} \right]^{\frac{1}{2}} \qquad (3-24)$$

冷凝面上合并长大液滴通用尺度分布函数 $F(r)$ 表达式可整理为无量纲形式的分布式并取对数得:

$$\lg \left[-r_{\max}^3 \frac{\mathrm{d}\overline{N}_{co}(r)}{\mathrm{d}r} \right] = -(3-n)\lg\left(\frac{r}{r_{\max}}\right) + \lg\left(\frac{n}{\pi}\right) \qquad (3-25)$$

根据分形模型构造方法并综合考虑分形模型特性,可以推导出两代液滴底面半径之间关系为

$$\Delta \eta_k = \eta_k - \eta_{k-1} = (1-\gamma)\eta_k \qquad (3-26)$$

式中，η 为液滴在壁面底面上的半径（假设液滴为球冠，如图 3-1 所示）。

前 k 代液滴数目可表示为

$$\overline{N}_k = \sum_{i=1}^{k} N_i \qquad (3-27)$$

则相邻两代液滴数目差可表示为

$$\Delta \overline{N}_k = \overline{N}_k - \overline{N}_{k-1} = N_k \qquad (3-28)$$

由式（3-11）第 k 代液滴数目 N_k 可表示为

$$N_k = \frac{N_1 \pi \eta_1^2 (1-P)^{k-1}}{\pi \eta_k^2} = \frac{P(1-P)^{k-1}}{\pi \eta_k^2} \qquad (3-29)$$

此时，第 k 代液滴数目密度表达式为

$$\frac{\mathrm{d}\overline{N}_k}{\mathrm{d}\eta_k} = \lim_{\Delta\eta_k \to 0}\left(\frac{\Delta \overline{N}_k}{\Delta \eta_k}\right) \qquad (3-30)$$

联立式（3-15）与式（3-26）～式（3-30），化简可得如下形式：

$$\lg\left[-\eta_1^3 \frac{\mathrm{d}\overline{N}_k}{\mathrm{d}\eta_k}\right] = \lg\left[-(r_{max}\sin\theta)^3 \frac{P(1-P)^{k-1}}{\pi(r_k\sin\theta)^3(1-\gamma)}\right]$$

$$= -\left[3 + \frac{\lg(1-P)}{\lg\gamma}\right]\lg\frac{r_k}{r_{max}} + \lg\frac{P}{\pi(\gamma-1)} \qquad (3-31)$$

比较式（3-25）与式（3-31）可得通过合并长大液滴分布函数的分布指数 n 的值：

$$n = -\frac{\lg(1-P)}{\lg\gamma} \qquad (3-32)$$

为求解分布指数，需要首先确定有效面积比率 P 及相邻两代液滴尺度比 γ 的值，由于分形与重正化群密切相关，分形就是重正化群的 f 变换后的不变状态，因此有效面积比率 P 可利用重正化群方法确定。在重正化函数构造过程中 P 即为液滴占据格点的概率，利用重正化群可以比较简单的求出分形维数和临界指数。Wu 等认为液滴是按正方形排列，如图 3-2 所示。根据模型构造方法，有效面积比率 P 值满足如下关系式：

$$P = P^4 + 4P^3(1-P) + 4P^2(1-P)^2 \qquad (3-33)$$

由于 P 取值范围满足 $0 \leqslant P \leqslant 1$，上式解得 $P = (-3-\sqrt{21})/6$。在计算分布指

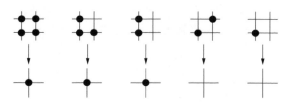

图 3-2　重正化示意

数 n 过程中,Wu 引入修正因子 $\pi/4$ 以计入用内切圆代替正方形引起的误差,求得分布指数 n 值为 0.334 9,同时还指出,采用 $P=0.55$、$\gamma=0.529\ 10$ 更符合液滴的实际尺寸分布。

　　万凯和闵敬春在 Rose 理论的基础上,进一步假设液滴按照雪花结晶状在冷凝面上排列,如图 3-3 所示。如果两个或者几个液滴相邻,则认为它们在尺度加倍的网格上会发生聚合,如果只存在单个液滴或者液滴是相间的,则认为在尺度加倍的网格上不会发生聚合。

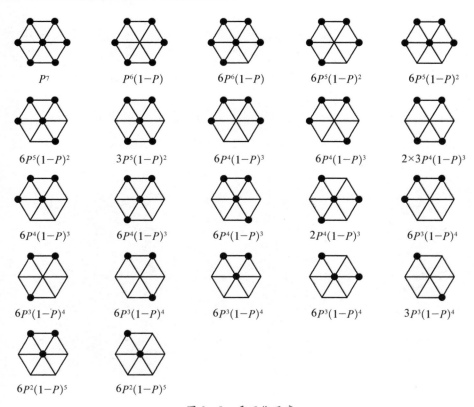

图 3-3　重正化示意

图 3-3 中的表达式对应该种情况下生成新一代液滴的概率。根据该模型的构造方法,有效面积比率应满足如下关系式:

$$P = P^7 + 7P^6(1-P) + 21P^5(1-P)^2 + 38P^4(1-P)^3$$
$$+ 33P^3(1-P)^4 + 12P^2(1-P)^5 \qquad (3-34)$$

通过上式求解可得到多个 P 值,显然有效面积比率 P 取值范围必须满足 $0 \leqslant P \leqslant 1$,求解式(3-34)可得满足条件的有效面积比率值仅有一个,即为 $P = 0.106\ 3$。相邻两代液滴尺度比 γ 值可通过液滴的体积守恒来确定,即

$$\frac{\pi\gamma^3 r_k^3}{3}(1-\cos\theta)^2(2+\cos\theta)P$$
$$= \frac{\pi r_k^3}{3}(1-\cos\theta)^2(2+\cos\theta)[P^7 + 7P^6(1-P)$$
$$+ 21P^5(1-P)^2 + 38P^4(1-P)^3$$
$$+ 33P^3(1-P)^4 + 12P^2(1-P)^5] \qquad (3-35)$$

由式(3-35)解得 $\gamma = 1.32$,这与 Rose 假设冷凝液滴在壁面上呈三角形排列计算结果 $\gamma = 1.30$ 非常吻合,这也充分说明了冷凝液滴在壁面上按照雪花结晶形状排列的假设是合理的,因此取 $P = 0.106\ 3$、$\gamma = 1.32$ 计算前述模型表达式 (3-32)中分布指数比较合理。

图 3-4 为选取不同的有效面积比率 P 值及相邻两代液滴的尺度比 γ 值,利用数值模拟的方法得到冷凝面上液滴的随机分布图像,由于受分辨率的限制,图中只给出了 6 代液滴的分布。

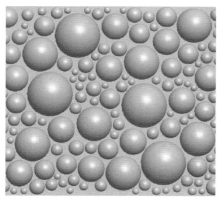
$P=0.106\ 3$、$\gamma=1.32$

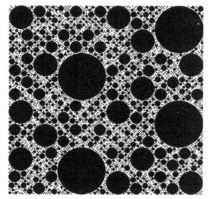
$P=0.26$、$\gamma=2$

图 3-4　随机分形模型生成的冷凝液滴分布

由实验得到的液滴分布放大照片及文献照片如图 3‐5 所示,比较两图可以看出,随机分形模型生成的液滴分布与实验过程中拍摄液滴分布照片十分相似。并且此处选取 $P=0.106\ 3$、$\gamma=1.32$ 得到的液滴分布模型比文献中选取的 $P=0.26$、$\gamma=2$ 得到的模型更加接近液滴实际分布情况,这充分说明了本书建立随机分形模型的可靠性。

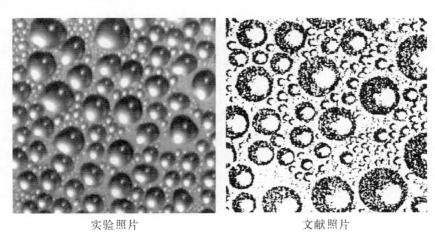

实验照片　　　　　　　　　　　　文献照片

图 3‐5　滴状冷凝液滴分布照片

3. 液滴生长、合并及脱落周期

冷凝过程中,单个液滴生长速率可由蒸气在液滴表面凝结而导致的液滴质量增量表示

$$\rho \frac{\mathrm{d}V}{\mathrm{d}t} = \frac{\pi r^2 \sin^2 \theta}{h_{\mathrm{fg}}} q \tag{3-36}$$

式中,q 为热通量;h_{fg} 为汽化潜热。

而液滴体积可表示为

$$V = \frac{\pi r^3}{3} \left[2(1-\cos\theta) - \sin^2\theta\cos\theta \right] \tag{3-37}$$

将式(3‐37)代入式(3‐36)整理得:

$$\mathrm{d}t = \rho h_{\mathrm{fg}} \frac{\left[2(1-\cos\theta) - \sin^2\theta\cos\theta \right]}{\sin^2\theta} \frac{\mathrm{d}r}{q} \tag{3-38}$$

对式(3‐38)积分即可得到液滴生长到某一半径 r 所用时间:

$$t_{dc} = \rho h_{\mathrm{fg}} \frac{\left[2(1 - \cos\theta) - \sin^2\theta\cos\theta\right]}{\sin^2\theta} \int_{r_{\min}}^{r} \frac{\mathrm{d}r}{q} \tag{3-39}$$

当 $r = r_{\mathrm{c}}$ 时，$t = t_{\mathrm{c}}$ 即为液滴生长周期。

冷凝液滴通过直接冷凝长大到 r_{c} 后相邻液滴开始发生合并，当液滴通过合并到达 $r_{\max}$ 尺度，则液滴开始脱落。液滴脱落过程中，其下方扫落轨迹范围内液滴无论大小都将被脱落液滴带走而露出干冷凝表面，蒸气在干表面上重新生长合并。因此，在分析冷凝表面滴状冷凝传热过程时，必须考虑液滴扫落过程对冷凝传热的影响。

不同高度的液滴脱落过程扫落的范围不同，顶部液滴只能自发生长合并到最大脱落尺寸，而越靠近底部液滴被扫落的可能性越大，因此，不同高度液滴被扫落频率可表示为单位时间内从冷凝面顶部到该位置脱落液滴的个数之和。Yamali 等深入研究了液滴扫落过程对冷凝传热的影响，提出液滴从合并到脱落经历的时间可表示为

$$t_{\mathrm{co}} = \int_{r_{\mathrm{c}}}^{\eta} \frac{n\rho K_{\mathrm{vol}} h_{\mathrm{fg}} (1 + nr_{\mathrm{c}}^{n+1} r_{\max}^{-(n+1)}) \mathrm{d}r_{\max}}{q_{\mathrm{T}}} \tag{3-40}$$

其中：

$$K_{\mathrm{vol}} = \frac{\pi}{3\sin^3\theta} \left[2(1 - \cos\theta) - \sin^2\theta\cos\theta\right] \tag{3-41}$$

$$q_{\mathrm{T}} = \int_{r_{\min}}^{r_{\mathrm{c}}} q_{dc} \mathrm{d}f_{dc} + \int_{r_{\mathrm{c}}}^{r_{\max}} q_{\mathrm{co}} nr^{n-1} \mathrm{d}r \tag{3-42}$$

式中，各参数详见符号说明。

液滴在冷凝面的停留时间应为液滴生长过程所需时间与液滴合并过程所需时间之和，即液滴在冷凝面的整个停留周期 t_{tot}，可表示为

$$t_{\mathrm{tot}} = t_{dc} + t_{\mathrm{co}} \tag{3-43}$$

4. 通过滴状区总传热量及传热系数计算

通过冷凝表面总热通量由液滴生长过程的传热与液滴合并脱落过程传热两部分构成，即

$$q_{\mathrm{d}} = \frac{1}{t_{\mathrm{tot}}} \left[\int_{r_{\min}}^{r_{\mathrm{c}}} q \cdot t_{dc} \cdot f(r) \cdot \mathrm{d}r + \int_{r_{\mathrm{c}}}^{r_{\max}} q \cdot t_{\mathrm{co}} \cdot F(r) \cdot \mathrm{d}r \right] \tag{3-44}$$

整个冷凝面的平均传热系数可表示为

$$h = \frac{q_{\text{tot}}}{\Delta T} \qquad (3-45)$$

式中, q_{tot} 为冷凝面总热通量。

3.2.2　膜状区冷凝传热模型

在滴膜共存冷凝传热过程中,由于不同冷凝条件下滴状区面积占整个冷凝面的比率不同,冷凝液膜在表面的存在形式也存在较大差异。当冷凝面上液滴所占面积比率较大时,冷凝液膜以沟流形式存在;当液滴面积比率较小时,相邻沟流液膜会发生连通合并连成一片。基于以上实验现象,同时为简化计算,在建立膜状区传热模型过程中需做如下假设。(1) 冷凝液滴与沟流液膜在冷凝面上呈条带状且均匀分布;(2) 与沟流液膜相邻液滴,核化中心与液膜边界距离大于 $\dfrac{\mathrm{d}r}{2}$ 的在整个冷凝传热过程中不会被液膜吞没,距离小于 $\dfrac{\mathrm{d}r}{2}$ 的将在长大过程中被吸入液膜中;(3) 冷凝液滴和沟流液膜是两个相互独立传热过程,忽略其相互影响作用;(4) 当相邻两沟流间距离大于液滴脱落直径时,沟流液膜间不会发生合并,而当距离小于液滴脱落直径时,两相邻沟流将发生合并。

考虑到沟流液膜宽度对传热的影响,引入变量 $\omega = \sum D_{\text{riv}} / \sum d_{\max}$,式中, D_{riv} 为沟流液膜宽度, $d_{\max}$ 为间距。根据以上假设,并假设液膜宽度与间距相同,即 $\omega=1$ 沟流液膜间距离恰好等于液滴脱落直径时,是沟流是否发生合并的临界尺度,此时滴状区面积比率 $P=50\%$,如图 3-6 所示。因此,可以认为当滴状区面积比率大于整个冷凝表面的 50% 时,沟流液膜将不会发生合并,传热过程可参照沟流液膜传热模型;当膜状区面积达到 50% 以上时,相邻沟流液膜将逐渐相互连通成片,且随着膜状区面积的增大,不同区域液膜间相互连通的趋势越明显,此时,再用沟流液膜计算膜状区传热偏差较大,采用 Nusselt 层流膜状冷凝公式计算才更合理。

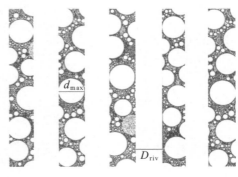

图 3-6　沟流合并临界尺寸

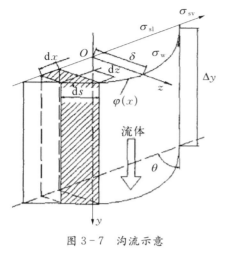

图 3-7 沟流示意

1. 沟流液膜传热模型

当膜状区面积比率较小时,冷凝液膜以沟流形式存在。用能量最小原理模型(MTE)方法推导沟流截面形态。Doniec 等通过假设简化得到冷凝液膜表面平滑无波动且不存在向上的混流、液体作层流运动、物性参数恒定、重力势能抵消黏性耗散的沟流系统模型,如图 3-7 所示。

模型截面呈轴对称,截面边界与固体壁面呈固液平衡接触角,则流体速度分布为

$$w(z) = \frac{g\rho}{\mu}\left(\frac{z^2}{2} - z\delta\right) \tag{3-46}$$

式中,μ 为黏度,δ 为液膜厚度,z 为离壁面距离。

某一长度 dx 宽沟流流率和能量表达式分别为

$$dQ = \frac{\rho g z^3}{3\mu}dx \tag{3-47}$$

$$E = 2\sigma_{lv}\Delta y \int_0^r \left[W_1 z^2 + (1 + z'^2)^{1/2} + \cos\theta\right]dx \tag{3-48}$$

则在给定流率下符合能量最小原理的沟流截面形状 $z(x)$ 为泛定函数的条件极值问题。因此存在常数 λ 使得:

$$\int_0^r H dy = E + \lambda Q \tag{3-49}$$

式中,H 为焓。

从中可以求得:

$$H = \left[W_1 z^5 + (1 + z'^2)^{1/2} + \frac{\sigma_{sv}}{\sigma_{lv}} + \cos\theta - W_2 z^3\right] \tag{3-50}$$

式中,参数 $W_1 = \frac{\rho^3 g^2}{15\mu^2\sigma_{lv}}$;$W_2 = \frac{\lambda g\rho}{3\Delta y\mu\sigma_{lv}}$。根据条件极限问题,$H$ 满足欧拉方程:

$$\frac{\partial H}{\partial z}=\frac{\mathrm{d}}{\mathrm{d}x}\left(\frac{\partial H}{\partial z'}\right) \tag{3-51}$$

$$5W_1z^4-3W_2z^2=\frac{\mathrm{d}}{\mathrm{d}x}\left[\frac{z'}{(1+z'^2)^{1/2}}\right]=\frac{z''}{(1+z'^2)^{3/2}}=K \tag{3-52}$$

其中 K 为曲率。设 $z'=p$，$z''=p(\mathrm{d}p/\mathrm{d}z)$，对式(3-52)积分可得：

$$\int\frac{P\mathrm{d}P}{(1+P^2)^{2/3}}=\int(5W_1z^4-3W_2z^2)\mathrm{d}z \tag{3-53}$$

于是可以得到：

$$\frac{-1}{(1+P^2)^{1/2}}=W_1z^5-W_2z^3+C_1 \tag{3-54}$$

边界条件为：$x=r$ 时，$z=0$，并且由于实际表面存在粗糙度等一些非理想因素，存在接触角滞后现象，即存在前进角 θ_A 和后退角 θ_R。当沟流段由于流量波动而处于流量增加过程时，在沟流边界液固接触线处，接触角介于平衡接触角与前进角之间，最大为前进角；处于流量减小时，最小为后退角；流量无波动时为平衡接触角。对于这三种情况可以得到三种边界条件，分别为：$z'=-\tan\theta_A$，$C_1=-\cos\theta_A$；$z'=-\tan\theta_R$，$C_1=-\cos\theta_R$ 和 $z'=-\tan\theta$，$C_1=-\cos\theta$。以求解无波动情况为例，分析式(3-52)可知曲率 K 是关于 z^2 的抛物线方程，那么曲率的最小值取在抛物线方程对称轴处，即 $z^2=3W_2/(10W_1)$。并且由轴对称沟流截面几何意义可知，曲率最小时即为沟流最大厚度位置($x=0$ 时)，因此沟流最大厚度为

$$\delta=\left(\frac{3}{10}\cdot\frac{W_2}{W_1}\right)^{1/2}=\left(\frac{3}{2}\cdot\frac{\mu}{\rho^2g}\cdot\frac{\lambda}{\Delta y}\right)^{1/2} \tag{3-55}$$

再分析轴对称沟流截面几何意义可知，当 $x=0$ 时 $z=\delta$、$z'=0$。代入式(3-54)中可得：

$$W_2\delta^3-W_1\delta^5=1-\cos\theta \tag{3-56}$$

由式(3-50)、式(3-55)和式(3-56)可得：

$$\frac{\lambda}{\Delta y}=2\left[\frac{5^2}{3\times7^2}\right]^{1/5}\cdot\left[\frac{\rho^4g}{\mu}\sigma_{lv}(1-\cos\theta)^2\right]^{1/5} \tag{3-57}$$

再将式(3-57)代入式(3-55)，最后得到沟流系统最大液膜厚度表达式：

$$\delta = \left(\frac{45}{7}\right)^{1/5} \cdot \left(\frac{\mu^2 \sigma_{lv}}{\rho^3 g^2}\right)^{1/5} \cdot (1-\cos\theta)^{1/5} \qquad (3-58)$$

冷凝面上沟流液膜截面可近似为弓形,如图 3-8 所示。根据几何关系,沟流宽度可以表示为

$$D_{riv} = 2 \times \frac{\delta}{1-\cos\theta}\sin\theta \qquad (3-59)$$

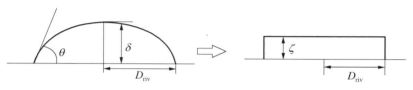

图 3-8 沟流横截面简化模型

为计算沟流区通过沟流单个流道的传热量,将流道传热近似为通过等底面积、厚度为 ζ 的矩形液膜的传热,简化模型与原沟流模型几何关系如图 3-8 所示。传热过程中热阻包括气液相界传热热阻以及液膜热阻,则通过沟流液膜的热通量为

$$q_{riv} = \frac{\Delta T}{\dfrac{1}{h_i}+\dfrac{\zeta}{\lambda_l}} \qquad (3-60)$$

式中,q_{riv} 为通过沟流液膜热通量。

2. 连通液膜传热模型

当膜状区面积超过总传热面积的 50% 以上时,大部分相邻沟流液膜已经相互连通合并,形成一个范围较大的膜状区域,不宜继续选用沟流模型计算膜状区冷凝传热。此时,可以将膜状区冷凝视为饱和蒸气的层流膜状冷凝传热。忽略蒸气流速及惯性力影响,假设液膜极薄且物性为常数,液膜内部仅有导热作用;忽略液膜过冷度,液膜平整无波动。根据上述假设和简化得到竖壁表面上层流膜状冷凝传热问题数学模型如下。

动量方程(x 方向)

$$\frac{\partial^2 u}{\partial y^2} = \frac{1}{\mu_l}\frac{dP}{dx} - \frac{F_x}{\mu_l} \qquad (3-61)$$

式中,F_x 为液膜的体积力,μ_l 为动力黏度。

能量方程

$$\frac{\mathrm{d}^2 t}{\mathrm{d}y^2} = 0 \qquad (3-62)$$

冷凝液膜中 x 方向的压力梯度和单相对流换热时一样,可以通过液膜表面 $y=\delta$ 处蒸汽的压力梯度来计算,其数值等于 $\rho_\mathrm{v}g$。而液膜的体积力 $F_x=\rho_1 g$,则可得到

$$\frac{\partial^2 u}{\partial y^2} = -\frac{g}{\mu_1}(\rho_1 - \rho_\mathrm{v}) \qquad (3-63)$$

两次积分,并利用边界条件 $u(x=0)=0$ 和 $\partial u / \partial y\,|_{y=\delta}=0$,可以得出冷凝液膜内的速度分布函数:

$$u(y) = \frac{g(\rho_1 - \rho_\mathrm{v})\delta^2}{\mu_1}\left[\frac{y}{\delta} - \frac{1}{2}\left(\frac{y}{\delta}\right)^2\right] \qquad (3-64)$$

用此速度剖面积分,可以得到竖壁 x 位置、1 m 宽壁面上的冷凝液流量为

$$q_{m,x} = \int_0^{\delta(x)} \rho_1 u \mathrm{d}y = \frac{g\rho_1(\rho_1 - \rho_\mathrm{v})\delta^3}{3\mu_1} \qquad (3-65)$$

对其微分,得到在 $\mathrm{d}x$ 距离内冷凝液的增量为

$$\mathrm{d}q_{m,x} = \frac{g\rho_1(\rho_1 - \rho_\mathrm{v})\delta^2 \mathrm{d}\delta}{\mu_1} \qquad (3-66)$$

根据冷凝液微元体的能量平衡,并考虑到前述假设,可以列出:

$$h_\mathrm{fg}\mathrm{d}q_{m,x} = h_\mathrm{fg}\frac{g\rho_1(\rho_1 - \rho_\mathrm{v})\delta^2 \mathrm{d}\delta}{\mu_1} = \lambda\frac{(T_\mathrm{sat} - T_\mathrm{w})}{\delta}\mathrm{d}x \qquad (3-67)$$

分离变量积分,并且注意到 $x=0$ 时 $\delta=0$,得出壁面任意 x 位置的液膜厚度:

$$\delta(x) = \left[\frac{4\lambda_1\mu_1(T_\mathrm{sat} - T_\mathrm{w})x}{g\rho_1(\rho_1 - \rho_\mathrm{v})h_\mathrm{fg}}\right]^{\frac{1}{4}} \qquad (3-68)$$

在气液交界面上释放的潜热通过厚度 δ 的液膜以导热方式传热至冷凝面,于是有

$$\mathrm{d}q_x = h_x(T_\mathrm{sat} - T_\mathrm{w})\mathrm{d}x = \lambda_1\frac{(T_\mathrm{sat} - T_\mathrm{w})}{\delta}\mathrm{d}x \qquad (3-69)$$

显然有

$$h_x = \frac{\lambda_1}{\delta(x)} \qquad (3-70)$$

所以

$$h_x = \left[\frac{g\lambda_1^3 \rho_1 (\rho_1 - \rho_v) h_{fg}}{4\mu_1 (T_{sat} - T_w)x} \right]^{\frac{1}{4}} \qquad (3-71)$$

层流膜状冷凝时局部表面传热系数 h_x 沿壁面呈 $x^{-1/4}$ 规律。若冷凝温差等于常数,沿竖壁积分即可得到高为 L 的整个壁面的平均传热系数为

$$h_L = \frac{1}{L} \int_0^L h_x \, \mathrm{d}x = 0.943 \left[\frac{g\lambda_1^3 \rho_1 (\rho_1 - \rho_v) h_{fg}}{\mu_1 (T_{sat} - T_w)L} \right]^{1/4} \qquad (3-72)$$

式(3-72)即为竖壁层流膜状冷凝 Nusselt 理论结果。考虑到冷凝液膜过冷度的影响,Rohsenow 提出如下修正式:

$$h_L = \frac{1}{L} \int_0^L h_x \, \mathrm{d}x = 0.943 \left[\frac{g\lambda_1^3 \rho_1 (\rho_1 - \rho_v)[h_{fg} + 0.68 c_{pl}(T_{sat} - T_w)]}{\mu_1 (T_{sat} - T_w)L} \right]^{1/4}$$
$$(3-73)$$

$$q_f = h_L (T_{sat} - T_w) \qquad (3-74)$$

式中,c_{pl} 为比热容;q_f 为连通液膜热通量。

3.2.3 滴膜共存冷凝传热模型

滴膜共存冷凝传热过程中,通过冷凝表面的传热量可表示为通过滴状区的热量与通过膜状区热量之和:

$$q_{ave} = \begin{cases} q_d \cdot \eta + (1-\eta)q_{riv} & \eta \geqslant 50\% \\ q_d \cdot \eta + (1-\eta)q_f & \eta < 50\% \end{cases} \qquad (3-75)$$

将式(3-44)、式(3-60)与式(3-74)代入式(3-75)即可得到整个冷凝表面的热通量计算式。

3.3 传热模型影响因素分析

在建立滴膜共存冷凝传热模型过程中,把冷凝表面分为滴状区传热和膜

状区传热分别进行分析、求解。无论是滴状区传热还是膜状区传热，其求解过程都包含一些不确定因素，这些因素对传热过程的影响需要进一步分析。

3.3.1　滴状区影响因素分析

滴状区传热模型影响因素主要包括：接触角对单个液滴传热及液滴分布函数的影响；分形维数对液滴分布函数的影响；接触角对分形维数的影响等。

1. 接触角对单个液滴传热和分布函数的影响

以接触角为横坐标，以与接触角有关的气液相际热阻和液滴导热热阻为纵坐标作图，对于 $1\ \mu m$ 的液滴得到的结果如图 3-9 所示。由图 3-9 可以明显看出，气液相际传热热阻随接触角增大而减小，这是由于接触角越大，相同半径球缺液滴的气液相际面积越大，因而热阻变小。通过液滴的导热热阻随接触角增大而增大，这是因为对于半径相同的球缺液滴而言，接触角增大意味着液滴尺度增大，通过液滴导热的当量厚度也增大，因此此项热阻增大。两热阻之和随接触角的增大先减小后增大，并在接触角 $\theta=140°$ 附近时出现最小值，表明这时单个液滴的传热量最大。

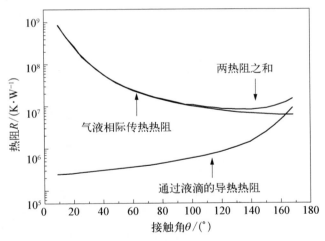

图 3-9　接触角与单个液滴各项传热热阻的关系

图 3-10 列出相同过冷度条件下，不同接触角表面冷凝液滴通用尺度分布函数及文献实验值。由图 3-10 可知，液滴生长过程通用尺度分布函数 $f(r)$ 与合并液滴通用尺度分布函数 $F(r)$ 随液滴半径变化趋势基本一致，但仍存在一拐点，即为液滴从生长阶段到合并阶段的临界半径 r_c，分布函数曲线与

文献中分布函数曲线趋势相同,且与已有实验数据吻合较好。与之前研究者不同,本节通用分布函数引入接触角,使得分布函数呈带状,当接触角 $75° \leqslant \theta \leqslant 135°$ 时,各尺度液滴数目密度相差达两个数量级,且接触角越大,相同尺度液滴数目密度越小。因此,接触角对液滴通用尺度分布函数 $f(r)/F(r)$ 影响较大,不可忽略其对液滴通用尺度分布函数的影响。此外,各研究者实验数据虽不相同,各实验数据差别也比较大,但如果选择较大的接触角范围,则各实验数据几乎全部落入尺度分布函数带中。因此,该模型可以很好地解释不同研究者其实验数据差异的原因,具有较广泛的使用范围。

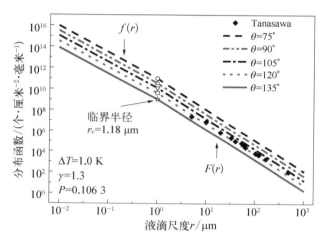

图 3-10　不同接触角液滴尺度分布函数
（γ 为相邻两代液滴的尺度比；P 为有效面积比）

2. 分形维数对分布函数的影响

图 3-11 为不同尺度液滴通用分布函数随分形维数变化曲线,由图 3-11 可知,各尺度液滴随着分形维数的增大而增多,当分形维数 $d_f < 1.96$ 时,其对分布函数影响不大,此时冷凝面维持滴状冷凝;当分形维数 $d_f > 1.96$ 时,分形维数对分布函数影响剧烈,此时壁面开始出现冷凝液膜;当分形维数接近于 2 时,冷凝表面完全被液滴覆盖,且液滴相互粘连变成液膜,滴状冷凝完全转化为膜状冷凝。

3. 接触角对分形维数的影响

图 3-12 为分形维数随接触角的变化曲线,由图 3-12 可知,随着接触角的增大分形维数逐渐减小。当接触角较小时,分形维数变化缓慢;当接触角超过 150°时,分形维数下降迅速;当接触角趋近 0°时,整个表面被液膜覆盖,其分

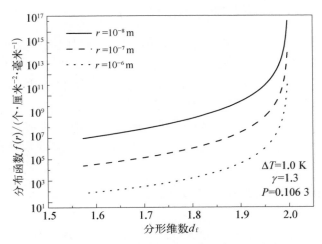

图 3-11　分形维数与液滴尺度分布函数关系

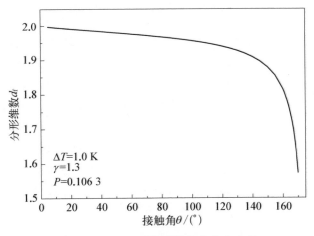

图 3-12　分形维数随接触角变化曲线

形维数为 2;而当接触角接近 180°时,液滴与冷凝面点接触,生成即脱落,不会在冷凝面滞留,此时,分形维数接近于 1。此外,在亲水表面接触角对分形维数的影响很小,接触角从 0°增加到 90°时分形维数从 2 下降到约 1.96,只降低约0.04;在疏水表面接触角对分形维数影响也较小,但比亲水表面明显,当接触角从 90°升高到 150°时分形维数从 1.96 降低到 1.88;在超疏水表面,接触角对其影响则十分剧烈,当接触角从 150°升高到 170°时分形维数从 1.88 降低到1.57,且随着接触角的继续增大,分形维数下降更为迅速。

3.3.2 滴膜交界区域及膜状区影响因素分析

为便于计算传热,建模过程中假设冷凝液滴和沟流液膜是两个相互独立传热过程,且认为存在于滴状区与膜状区交界处,核化中心与液膜边界距离大于液滴半径50%的液滴,在整个冷凝传热过程中不会被液膜吞没。而实际传热过程中,这些与沟流液膜相邻的液滴在脱落之前,其中一部分由于表面张力作用会被冷凝液膜吞没,导致液膜增厚,增加传热热阻。此外,沟流液膜宽度与液滴脱落直径之比 ω 也对冷凝传热过程有较大影响,需要进一步研究。

3.4 模型值与文献及实验数据比较

为验证滴膜共存冷凝传热模型的可靠性,将理论模型与已有文献数据以及实验数据进行对比。

3.4.1 滴状冷凝传热模型与实验值对比分析

图 3 - 13 中的各条实线分别是不同的接触角和脱落直径条件下的模型计算值,阴影区域为 Rose 实验及其模型计算结果,其他线条为不同作者文献实验值,具体见文献。模型取接触角为 $\theta=75°$ 和 $\theta=170°$ 的计算值以离散点的形式列于图中。由图 3 - 13 可以看出,虽然文献数据间存在差异,并不局限在 Rose 模型计算的阴影区域,但其中大部分计算和实验结果都分布于模型两条曲线之间。通过改变模型接触角参数,则可得到不同传热曲线,表明不同接触角冷凝面冷凝传热结果不同。同一过冷度下,接触角越大、脱落半径越小,则冷凝传热系数也越大。

图 3 - 14 列出了将文献中接触角值代入模型中得出的热通量计算值以及文献中提供的实验数据值。由图 3 - 14 可知,模型计算值与实验数据较为吻合,其最大偏差不超过 20%,特别是在 $\Delta T < 5$ K 条件下,偏差不超过 10%。图 3 - 15 列出了通过模型计算出的冷凝传热系数计算值与文献实验值,由此可以看出,模型计算值与文献实验值也十分接近但比实验值略高。这主要是由于,实验过程中冷凝表面温度、压力等因素变化导致接触角较常温常压下所测量的静态接触角偏小,而计算过程中代入的接触值为常温测量值,从而导致计算值较实验值偏高。由于冷凝表面温度及压力变化对接触角影响还无法定量得出,目前计算过程中,若没有提供实验温度和压力条件下的接触角,且实验温度和压力变化不大,仍可采用常温静态接触角代替实验温度接触角,就此模型而言,计算值与实验数据吻合较好。

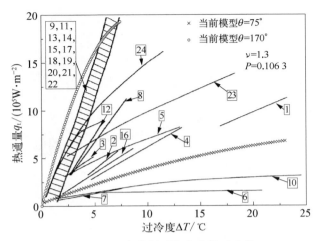

图 3-13　本节模型与已有模型比较

[1. Schmidt et al. (1930)；2. Nagle et al. (1935)；3. Gnam (1937)；
4. Fitzpatrick et al. (1939)；5. Shea and Krase (1940)；6. Fatica and Katz
(1949)；7. Kirschbaum et al. (1951)；8. Hampson and Ozisik
(1952)；9. Wenzel (1957)；10. Welch and Westwater (1961)；11. Le
Fevre and Rose (1964)；12. Kast (1963)；13. Le Fevre and Rose
(1965)；14. Tanner et al. (1965a)；15. Citakoglu (1966)；
16. Griffith and Lee (1967)；17. Citakoglu and Rose (1968)；
18. Graham (1969)；19. Wilmshurst and Rose (1970)；20. Tanasawa
and Ochiai (1973)；21. Aksan and Rose (1973)；22. Stylianou and
Rose (1980)；23. Ma et al. (1994)；24. Leipertz and Koch (1998)]

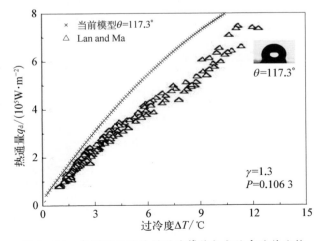

图 3-14　常压下热通量模型计算值与文献实验值比较

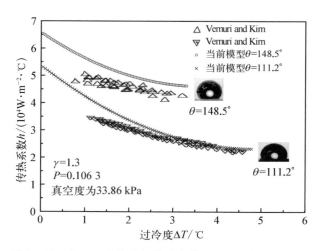

图 3-15　低压下传热系数模型计算值与文献实验值比较

　　图 3-16 列出常压下不同接触角表面热通量随过冷度变化实验数据及模型计算值。可以看出,两实验数据点与各自相应接触角计算结果变化趋势具有很好的一致性。试样 3#-b 表面实验数据略高于模型计算值,但两者偏差不超过 15%;试样 3#-c 冷凝实验数据在过冷度较小时高于模型计算值,偏差不超过 10%,但过冷度 $\Delta T > 13.2℃$ 时,实验数据较模型计算值低,且过冷度越大,两者偏差越明显。这主要是由于冷凝表面出现沟流状冷凝液膜,且液膜面积比率随着过冷度的增大而提高,导致冷凝面热通量增长速度减缓。

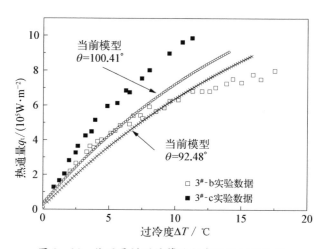

图 3-16　热通量模型计算值与实验数据值比较

3.4.2　滴膜共存冷凝传热模型与实验值对比分析

图 3-17 列出了引入分形理论的滴膜共存冷凝传热模型计算值以及滴膜共存冷凝实验数据。由图 3-17 可知,模型计算值与实验数据变化规律基本一致,并且在较大的过冷度范围内,实验数据能够与相应接触角计算值吻合较好,偏差都在 10% 以内。这从实验角度说明了模型的科学性和可靠性。

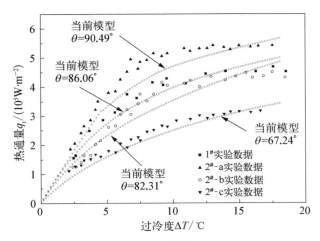

图 3-17　常压下热通量模型计算值与实验数据值比较

比较图 3-17 中实验数据和模型计算值可知,在过冷度较小时,各实验数据点略高于相同过冷度条件下的模型计算值。这主要是由于过冷度较小时,滴状冷凝在冷凝传热过程中占主导,而滴状冷凝模型计算值较实验数据略低,从而导致滴膜共存冷凝传热模型的计算值偏低。此外,滴膜边界处部分液滴在冷凝过程中,在没有生长到脱落直径之前就被冷凝液膜吞没,蒸气在冷凝表面重新冷凝,液滴在冷凝表面重新生长,这个过程促进了冷凝表面的传热。而计算过程中忽略上述过程,这也是导致模型计算值低于实验测量数据的一个原因。随着过冷度的增大,特别是在过冷度 $\Delta T > 15℃$ 时,模型计算值逐渐超过实验数据,这主要是由于液膜区域逐渐增大,滴状区和膜状区相互交错,传热过程相互影响,冷凝液滴脱落过程消失。此外,在分析滴状区面积比率时,边界较为模糊区域计算过程都照膜状区计算,这可能是导致传热模型计算值较高的另一个重要原因。

第 4 章
螺旋形变管强化冷凝传热特性

4.1 概述

螺旋形变管是一种高效传热强化管,是近年来国际上最新研究成果之一。其横截面的形状为椭圆形或扁圆形,管体沿轴向连续均匀螺旋变形,亦称为螺旋扁管或扭曲管,如图 4-1 所示。对于具有椭圆截面形状的螺旋形变管,其连续螺旋变形 360°对应的长度称为螺旋节距。为了便于换热管与管板连接,螺旋形变管两端保持为圆形。以螺旋形变管为换热元件形成的新型换热器,继承了传统管壳式换热器的优点,又克服了其不足之处。管内的螺旋形流道使管程流体产生以纵向旋转和二次旋流为特点的扰流作用,增强了流体间的混合,从而较大程度地强化了管内传热过程。螺旋形变管形成的管束,换热管外缘保持螺旋线紧密接触,起到相互支撑作用,因此,换热器的壳侧不需要设置折流板,不存在流动死区,不易结垢。壳侧流体主要作纵向流动,流动阻力较小。紧密的自支撑结构,还能很好地克服流体诱导振动,提高操作的可靠性。

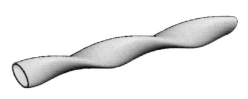

图 4-1 螺旋形变管模型

螺旋形变管适用于多种换热过程,几乎在所有规定使用管壳式换热器的系统中都可使用,应用场合遍及石油化工、造纸、电力、食品、水处理等各个行业。国外螺旋形变管换热器已得到较广泛的推广应用,Brown Fintube 公司的螺旋形变管产品占据了当下最重要的螺旋形变管换热设备市场。国内对螺旋形变管换热器的研究起步较国外晚,仅中石化洛阳工程有限公司与兰州长征机械有限公司等少数单位进行了螺旋形变管换热器的研制工作。

限制螺旋形变管换热器在国内工业领域应用的主要原因有两点:一是受技术限制,国内螺旋形变管换热器制造技术尚不成熟;更重要的另一点则是,国外螺旋形变管换热器应用虽多,但其制造厂商几乎不对外公布自己掌握的研究资料,国内对螺旋形变管换热器的传热与流动规律研究得尚不够透彻。国外有将螺旋形变管用于强化冷凝传热的应用案例,文献的研究也表明,煤油蒸气在螺旋形变管外的冷凝传热效果优于圆管,但除此之外,对其在有相变的冷凝工况下的传热特性的研究鲜有报道。因此,深入探讨其强化冷凝传热机理,确定螺旋形变管最适合的操作工况,不仅对于丰富螺旋形变管强化传热理论体系具有重要的理论意义,对于推动螺旋形变管的工业应用也具有重要的工程价值。

4.2　螺旋形变管管外蒸气冷凝传热模型

　　研究结果表明,螺旋形变管在强化单相对流传热方面表现出了很大优势。对于蒸气在螺旋形变管外的冷凝过程,其传热性能与规律值得深入研究。基于 Nusselt 纯蒸气层流膜状凝结理论,针对实际的蒸气冷凝传热过程,进行适当的简化与假设,对长轴倾斜任意角度的椭圆管管外蒸气的冷凝传热理论模型进行推导。在此基础上,对螺旋形变管外蒸气层流膜状冷凝过程的传热系数计算模型进行推导,并对螺旋形变管管外蒸气冷凝传热特性的影响因素进行分析,探讨螺旋形变管管外蒸气冷凝传热的强化机理。

4.2.1　螺旋形变管管外蒸气冷凝传热理论模型的建立

1. 物理模型与基本假设

　　螺旋形变管的形状比较特殊,其截面形状相同,为连续的椭圆形,但每个截面的椭圆形状相对于竖直方向的倾斜角度却是不同的。因此,螺旋形变管在某种程度上可以视为不同微小直椭圆管段的组合。而这些微小的管段,其长轴与竖直方向的夹角不同,如图 4-2 所示。因此,首先以水平放置的、截面长轴倾斜一定角度的直椭圆管为研究对象,推导蒸气在其外表面冷凝过程的数学模型。在此基础上,将螺旋形变管视为具有不同长轴倾角的椭圆管段的集合,进一步推导螺旋形变管外蒸气冷凝传热模型。

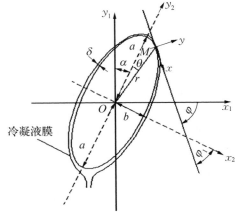

图 4-2　椭圆管外蒸气冷凝物理
模型及坐标系示意

如图 4-2 所示,椭圆管横截面的长轴为 $A=2a$、短轴 $B=2b$。椭圆管水平放置,截面长轴与竖直方向 y_1 的夹角为 α,水平方向为 x_1。椭圆管外表面的切线方向为 x 轴,法线方向为 y 轴。

根据实际的纯净饱和蒸气在椭圆管外冷凝过程的特点,进行如下假设:① 常物性;② 蒸气流速很小,忽略其对冷凝液膜的影响,即忽略气液界面上的黏滞应力;③ 冷凝液膜的惯性力可以忽略;④ 气液界面上无温差,界面上的液膜温度等于饱和温度;⑤ 液膜内的温度分布是线性的,即认为液膜内的热量传递只有导热,而无对流作用;⑥ 液膜的过冷度可以忽略;⑦ 液膜表面平整,无波动。

2. 数学模型的推导

已有学者对水平椭圆管长轴竖直时蒸气在其外表面冷凝过程的理论模型进行过研究。本节研究长轴倾斜任意角度的椭圆管外蒸气冷凝过程的液膜厚度及传热系数计算方程的过程,在方程推导及求解等方面对其进行了借鉴。冷凝液膜的流动与传热符合边界层的薄层性质。边界层传热与流动过程满足的控制方程(质量守恒、动量守恒以及能量守恒方程)如式(4-1)、式(4-2)以及式(4-3)所示。

$$\frac{\partial u}{\partial x}+\frac{\partial v}{\partial y}=0 \tag{4-1}$$

$$\rho\left(u\,\frac{\partial u}{\partial x}+v\,\frac{\partial u}{\partial y}\right)=\mu\,\frac{\partial^2 u}{\partial y^2}+(\rho-\rho_v)g\sin\varphi-\frac{\partial p}{\partial x} \tag{4-2}$$

式中,ρ 为冷凝液的密度,$kg \cdot m^{-3}$;ρ_v 为蒸气的密度,$kg \cdot m^{-3}$;$\varphi=\varphi(x)$ 是冷凝液流过的点 M 处管外表面切线与水平方向的夹角。

$$\rho c_p\left(u\,\frac{\partial T}{\partial x}+v\,\frac{\partial T}{\partial y}\right)=\lambda\,\frac{\partial^2 T}{\partial y^2} \tag{4-3}$$

OM 与椭圆管长轴间的夹角为 θ,点 M 与椭圆中心 O 间的距离为 r,可以得到

$$r=a\sqrt{\frac{1-e^2}{1-e^2\cos^2\theta}} \tag{4-4}$$

在 x_2-y_2 直角坐标系中,管截面的椭圆方程为

$$\frac{y_2^2}{a^2}+\frac{x_2^2}{b^2}=1 \qquad (4-5)$$

引入椭圆度，用 e 表示，其表达式为

$$e=\sqrt{\frac{a^2-b^2}{a^2}} \qquad (4-6)$$

图 $4-2$ 中，φ_1 与 φ 和 α 之间的关系为

$$\varphi_1=\varphi-\alpha \qquad (4-7)$$

借助于椭圆方程，可得到任何点 M 的切线斜率为

$$\tan\varphi_1=\frac{\tan\theta}{1-e^2} \qquad (4-8)$$

在极坐标系下，$\mathrm{d}x$ 可表示为

$$\mathrm{d}x=\frac{r\mathrm{d}\theta}{\cos(\varphi_1-\theta)} \qquad (4-9)$$

同螺旋形变管表面曲率半径相比，液膜的厚度很小，因此，点 M 处液膜表面蒸气的压力梯度可以表示为

$$-\frac{\partial p}{\partial x}=\frac{\sigma}{R^2}\frac{\partial R}{\partial x} \qquad (4-10)$$

其中，R 为点 M 处椭圆的曲率半径，可以求得

$$R=\frac{a}{\sqrt{1-e^2}}\left[\frac{1+e^2(e^2-2)\cos^2\theta}{1-e^2\cos^2\theta}\right]^{\frac{3}{2}} \qquad (4-11)$$

液膜形成与流动过程所需的温度与速度的压力边界条件为

$$y=0,\ u=0,\ T=T_w \qquad (4-12)$$

$$y=\delta,\ \frac{\partial u}{\partial y}=0,\ T=T_{sat} \qquad (4-13)$$

结合边界条件，对动量方程与能量方程进行积分，可以得到

$$u=\frac{(\rho-\rho_v)g}{\mu}\left(\delta y-\frac{y^2}{2}\right)\left[\sin\varphi+Bo(x)\right] \qquad (4-14)$$

$$T = (T_{sat} - T_w) \frac{y}{\delta} + T_w \tag{4-15}$$

式中，Bo 为邦德(Bond)数，有

$$Bo(x) = \frac{1}{Bo} \left(\frac{a}{R}\right)^2 \frac{\partial R}{\partial x} \tag{4-16}$$

$$Bo = (\rho - \rho_v) g a^2 / \sigma \tag{4-17}$$

式(4-14)与式(4-15)中，引入了未知的液膜厚度 δ，因此求解的关键在于获得液膜厚度随 x 的变化规律。通过椭圆管表面单位宽度的壁面冷凝液的质量流量 M 为

$$M = \int_0^\delta \rho u \, dy = \frac{\rho (\rho - \rho_v) g \delta^3}{3\mu} \left[\sin \varphi + Bo(x)\right] \tag{4-18}$$

借助式(4-4)、式(4-8)、式(4-9)及式(4-11)、式(4-16)，可以将 dx 转化为

$$dx = a \left[(1 - e^2) / (1 - e^2 \sin^2 \varphi_1)^{\frac{3}{2}}\right] d\varphi_1 \tag{4-19}$$

并得到

$$Bo(\varphi_1) = \frac{3e^2}{2Bo} \left(\frac{1 - e^2 \sin^2 \varphi_1}{1 - e^2}\right)^2 \sin(2\varphi_1) \tag{4-20}$$

dx 微元段上所传递的热量，等于通过厚度为 δ 的液膜的导热以及 dx 微元段上新增冷凝液释放出来的潜热，后两者是相等的，由此可得

$$h'_{fg} \frac{dM}{dx} = \lambda \frac{dT}{dy} = \lambda \frac{T_{sat} - T_w}{\delta} \tag{4-21}$$

将式(4-15)、式(4-18)、式(4-19)代入式(4-21)中，可以得到

$$\frac{\rho (\rho - \rho_v) g h'_{fg}}{3\mu\lambda (T_{sat} - T_w)} \cdot \delta d\{\delta^3 [\sin(\varphi_1 + \alpha) + Bo(\varphi_1)]\} = dx \tag{4-22}$$

令

$$A = \frac{\rho (\rho - \rho_v) g h'_{fg}}{3\mu\lambda (T_{sat} - T_w)} \tag{4-23}$$

则有

$$\delta d\{\delta^3[\sin(\varphi_1 + \alpha) + Bo(\varphi_1)]\} = \frac{a}{A} \cdot \frac{1 - e^2}{(1 - e^2 \sin^2\varphi_1)^{3/2}} d\varphi_1 \qquad (4-24)$$

采用分离变量的方法，式(4-24)可以转化为

$$\{\delta^3[\sin(\varphi_1 + \alpha) + Bo(\varphi_1)]\}^{1/3} d\{\delta^3[\sin(\varphi_1 + \alpha) + Bo(\varphi_1)]\}$$

$$= \frac{a}{A} \cdot \frac{1 - e^2}{(1 - e^2 \sin^2\varphi_1)^{3/2}} \cdot [\sin(\varphi_1 + \alpha) + Bo(\varphi_1)]^{1/3} d\varphi_1 \qquad (4-25)$$

椭圆管外的冷凝液膜，由管表面的最高点分别向左右方向沿两侧管壁流动，首先对最高点右侧壁面的液膜厚度进行求解。积分的上、下限分别为 φ_1 与 $-\alpha$，对式(4-25)的等号两端进行积分，可以获得椭圆管右侧外表面的液膜厚度 δ 的表达式：

$$\frac{3}{4}\{\delta^3[\sin(\varphi_1 + \alpha) + Bo(\varphi_1)]\}^{4/3}\big|_{-\alpha}^{\varphi_1}$$

$$= \int_{-\alpha}^{\varphi_1} \frac{a}{A} \cdot \frac{1 - e^2}{(1 - e^2 \sin^2\varphi_1)^{3/2}}$$

$$\cdot [\sin(\varphi_1 + \alpha) + Bo(\varphi_1)]^{1/3} d\varphi_1 \qquad (4-26)$$

即

$$\frac{3}{4}\delta^4(\varphi_1)[\sin(\varphi_1 + \alpha) + Bo(\varphi_1)]^{4/3} - \frac{3}{4}\delta^4(-\alpha)[Bo(-\alpha)]^{4/3}$$

$$= \int_{-\alpha}^{\varphi_1} \frac{a}{A} \cdot \frac{1 - e^2}{(1 - e^2 \sin^2\varphi_1)^{3/2}} \cdot [\sin(\varphi_1 + \alpha) + Bo(\varphi_1)]^{1/3} d\varphi_1$$

$$(4-27)$$

化简得

$$\delta(\varphi_1) = \frac{\left\{\dfrac{4a(1 - e^2)}{3A} \displaystyle\int_{-\alpha}^{\varphi_1} \dfrac{[\sin(\varphi_1 + \alpha) + Bo(\varphi_1)]^{1/3}}{(1 - e^2 \sin^2\varphi_1)^{3/2}} d\varphi_1 + \delta^4(-\alpha)[Bo(-\alpha)]^{4/3}\right\}^{1/4}}{[\sin(\varphi_1 + \alpha) + Bo(\varphi_1)]^{1/3}}$$

$$(4-28)$$

为便于与下文区分，引入下标 R 表示右侧液膜厚度，即

$$\delta_R(\varphi_1) = \frac{\left\{\dfrac{4a(1-e^2)}{3A} \displaystyle\int_{-\alpha}^{\varphi_1} \dfrac{[\sin(\varphi_1+\alpha)+Bo(\varphi_1)]^{1/3}}{(1-e^2\sin^2\varphi_1)^{3/2}} \mathrm{d}\varphi_1 + \delta^4(-\alpha)[Bo(-\alpha)]^{4/3}\right\}^{1/4}}{[\sin(\varphi_1+\alpha)+Bo(\varphi_1)]^{1/3}}$$

$$(4-29)$$

但是,在式(4-29)的右侧仍然存在未知量 $\delta(-\alpha)$,只要求得 $\delta(-\alpha)$ 即可求得管外表面任意位置处的液膜厚度。

当 $\alpha=0$,即长轴竖直时,$Bo(-\alpha)=0$,液膜厚度方程可以转化为

$$\delta_R(\varphi_1) = \frac{\left\{\dfrac{4a(1-e^2)}{3A} \displaystyle\int_{-\alpha}^{\varphi_1} \dfrac{[\sin(\varphi_1+\alpha)+Bo(\varphi_1)]^{1/3}}{(1-e^2\sin^2\varphi_1)^{3/2}} \mathrm{d}\varphi_1\right\}^{1/4}}{[\sin(\varphi_1+\alpha)+Bo(\varphi_1)]^{1/3}}$$

$$(4-30)$$

而当 $\alpha \neq 0$ 时,$\varphi_1 = -\alpha$ 对应位置为管的最顶端,此时液膜厚度的一阶导数为 0,即 $\delta'(\varphi_1)|_{\varphi_1=-\alpha}=0$。

在式(4-24)中,令 $\sin(\varphi_1+\alpha)+Bo(\varphi_1)=f(\varphi_1)$,$\dfrac{a}{A} \cdot \dfrac{1-e^2}{(1-e^2\sin^2\varphi_1)^{3/2}}=g(\varphi_1)$,则式(4-24)可以转化为

$$\delta\mathrm{d}[\delta^3 f(\varphi_1)] = g(\varphi_1)\mathrm{d}\varphi_1 \tag{4-31}$$

进一步化简可得

$$\delta \cdot [3\delta^2 f(\varphi_1)\delta' + \delta^3 f'(\varphi_1)] = g(\varphi_1)\mathrm{d}\varphi_1 \tag{4-32}$$

$$3\delta^3 f(\varphi_1)\delta' + \delta^4 f'(\varphi_1) - g(\varphi_1) = 0 \tag{4-33}$$

$$\frac{3}{4}f(\varphi_1)(\delta^4)' + \delta^4 f'(\varphi_1) - g(\varphi_1) = 0 \tag{4-34}$$

令 $Z = \delta^4(\varphi_1)$,则有

$$\frac{3}{4}f(\varphi_1)Z' + Zf'(\varphi_1) - g(\varphi_1) = 0 \tag{4-35}$$

当 $\varphi_1 = -\alpha$ 时,$Z'=0$,代入式(4-35)中,化简可得

$$Z = \frac{g(\varphi_1)}{f'(\varphi_1)} \tag{4-36}$$

由此可以求得 $\delta^4(-\alpha)$ 的值, 将其代入式(4-29), 即可求得 $\delta_R(\varphi_1)$。

任意位置的液膜厚度求出后, 即可获得椭圆管表面的局部冷凝传热系数为

$$h_R(\varphi_1) = \frac{\lambda}{\delta_R(\varphi_1)} \qquad (4-37)$$

对右侧半个平面各位置局部传热系数进行积分, 即可得到右侧管壁面的平均传热系数为

$$\overline{h_R} = \frac{\int_0^\pi h_R(\varphi_1) r(\varphi_1) \mathrm{d}\varphi_1}{\int_0^\pi r(\varphi_1) \mathrm{d}\varphi_1}$$

$$(4-38)$$

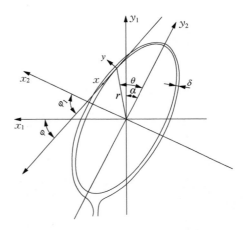

而对椭圆管最高点左侧的管壁, 其物理模型及坐标体系如图 4-3 所示。

图 4-3　椭圆管左侧蒸气冷凝物理模型与坐标系示意

采用上述方法, 同样可以得到椭圆管左侧表面任意位置处的液膜厚度为

$$\delta_L(\varphi_1) = \frac{\left\{ \dfrac{4a(1-e^2)}{3A} \displaystyle\int_{-\alpha}^{\varphi_1} \dfrac{\left[\sin(\varphi_1-\alpha)+Bo(\varphi_1)\right]^{1/3}}{(1-e^2\sin^2\varphi_1)^{3/2}} \mathrm{d}\varphi_1 + \delta^4(\alpha)\left[Bo(\alpha)\right]^{4/3} \right\}^{1/4}}{\left[\sin(\varphi_1-\alpha)+Bo(\varphi_1)\right]^{1/3}}$$

$$(4-39)$$

相同的方法求得 $\delta^4(\alpha)$ 的值, 即可确定 $\delta'(\varphi_1)$, 进而求得局部传热系数为

$$h_L(\varphi_1) = \frac{\lambda}{\delta_L(\varphi_1)} \qquad (4-40)$$

左侧表面的平均蒸气冷凝传热系数为

$$\overline{h_L} = \frac{\int_0^\pi h_L(\varphi_1) r(\varphi_1) \mathrm{d}\varphi_1}{\int_0^\pi r(\varphi_1) \mathrm{d}\varphi_1} \qquad (4-41)$$

总传热系数取左右两侧传热系数的平均值,即为

$$\overline{h_a} = \frac{\overline{h_R} + \overline{h_L}}{2} \qquad (4-42)$$

至此,便求得了轴向水平,椭圆截面长轴与竖直方向夹角为 α 的椭圆管外蒸气冷凝传热系数。对于螺旋节距为 s 的螺旋形变管,将其 1/4 节距管段平均分为 n 个微小管段,每段长度为 l,则有:

$$n = \frac{s}{4l} \qquad (4-43)$$

第 i 段管段长轴与竖直方向的夹角约为

$$\alpha_i = \frac{\pi}{2n}i \qquad (4-44)$$

该段平均管外蒸气冷凝传热系数 $\overline{h_{\alpha_i}}$ 可由式(4-42)计算获得,螺旋形变管管外蒸气冷凝传热系数取各微小段的平均值,即为

$$\overline{h} = \frac{\sum\limits_{i=1}^{n} \overline{h_{\alpha_i}}}{n} \qquad (4-45)$$

4.2.2 螺旋形变管外蒸气冷凝传热特性理论分析

本节基于获得的椭圆管及螺旋形变管外蒸气冷凝理论模型,计算获得了不同椭圆度、不同倾斜角度椭圆管的表面冷凝液膜厚度及传热系数,以及不同椭圆度、不同螺旋节距的螺旋形变管的表面平均冷凝传热系数,并对各参数对椭圆管及螺旋形变管外蒸气冷凝传热特性的影响规律进行了分析。

1. 基于理论模型的圆管外蒸气冷凝传热系数

若 $e=0$,则椭圆管即为圆管。此时,式(4-28)可以转化为

$$\delta(\varphi) = \left(\frac{4a}{3A}\right)^{1/4} \sin(\varphi)^{-1/3} \left[\int_0^\varphi \sin(\varphi)^{1/3} \mathrm{d}\varphi\right]^{1/4} \qquad (4-46)$$

将 $a=d/2$,以及式(4-23)、式(4-46)代入式(4-37)中可以得到:

$$h(\varphi) = \left[\frac{\lambda^3 h'_{fg}(\rho - \rho_v)\rho g}{2d\mu(T_{sat} - T_w)}\right]^{1/4} \sin(\varphi)^{1/3} \left[\int_0^\varphi \sin(\varphi)^{1/3} \mathrm{d}\varphi\right]^{-1/4} \qquad (4-47)$$

将式(4-47)代入式(4-38)中,利用 MATLAB 软件进行数值积分,可以得到:

$$\bar{h} = 0.728 \left[\frac{\lambda^3 h'_{fg}(\rho - \rho_v)\rho g}{\mu d(T_{sat} - T_w)} \right]^{1/4} \qquad (4-48)$$

式(4-48)与经典传热学教程中圆管外蒸气冷凝传热系数计算公式,即式(4-49),几乎是相同的,这一点也证明了所用计算方法的正确性。

$$\bar{h} = 0.729 \left[\frac{\lambda^3 h'_{fg}(\rho - \rho_v)\rho g}{\mu d(T_{sat} - T_w)} \right]^{1/4} \qquad (4-49)$$

2. 直椭圆管管外蒸气冷凝传热特性分析

(1) 椭圆管外冷凝液膜及局部传热系数分布规律

计算获得了常压下、冷凝温差为 10 K 时,圆管表面与长轴竖直放置的椭圆管表面水蒸气冷凝时的液膜分布情况。如图 4-4 所示,为光滑圆管与椭圆度 $e=0.6$ 的椭圆管外壁面局部液膜分布情况。在水蒸气冷凝过程中,换热管整个外壁面均产生冷凝液,顶部冷凝液沿管壁向下流动,在管的最底端滴落。因此,从圆周或椭圆周的顶部到底部,液膜的厚度会逐渐增大,由图 4-4 还可以看出,椭圆管上部与下部的液膜厚度均小于圆管,而中部较圆管稍大,但相差很小。液膜的厚度差别主要是由两种管外表面液膜所受的重力分量不同而引起的。液膜的厚度取决于两因素之间的平衡:冷凝液的产生速度以及冷凝液膜的流动速度(排液速度)。在椭圆管顶部,液膜所受

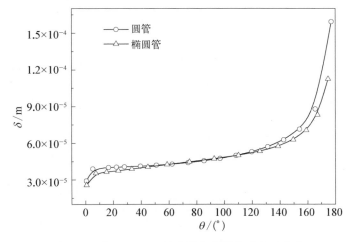

图 4-4　相同工况下椭圆管与圆管管外液膜分布

重力在流动方向的分量较圆管大,增大了液膜流动速度,因此液膜较薄,局部传热系数较大。而顶部较大的传热系数,又增大了冷凝液的产生速度,这将导致液膜沿流动方向上厚度增大,一直到管外表面的 90°位置时,椭圆管外液膜的厚度会稍微超过圆管。在椭圆管的下部,同样由于重力的作用,椭圆管外液膜增厚的速度变缓,小于圆管外液膜厚度。当然,液膜在椭圆管外表面流动过程中还会受到表面张力的作用,但重力对椭圆管与圆管外液膜分布的影响更为明显,这一点将在下文进行分析。

图 4-5 是圆管与椭圆管外表面局部冷凝传热系数变化曲线。可见,两种管上部表面的传热系数较高,底部传热系数较低。从顶部到底部,传热系数逐渐减小。与液膜厚度变化趋势相对应,椭圆管上部与下部的传热系数均较圆管高,中部传热系数相差不大。根据局部传热系数,计算获得椭圆管与圆管的外表面平均冷凝传热系数。$e=0.6$ 的椭圆管的平均传热系数较圆管高,约为圆管的 1.03 倍。

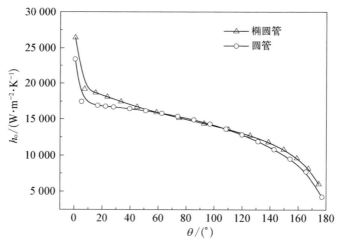

图 4-5 相同工况下椭圆管与圆管管外局部传热系数(h_o)分布

(2) 截面椭圆度对直椭圆管传热性能的影响

图 4-6 是长轴竖直的椭圆管其外表面平均蒸气冷凝传热系数随椭圆度的变化曲线图。可以看出,相同工况下,管外冷凝传热系数随管截面椭圆度的增大而增大。图 4-6 中,截面椭圆度从 0.44 变化到 0.92 的过程,传热系数相对圆管增大了 1%～17%。

由上文已知,由于外表面形状不同,冷凝液膜在椭圆管与圆管上所受重力

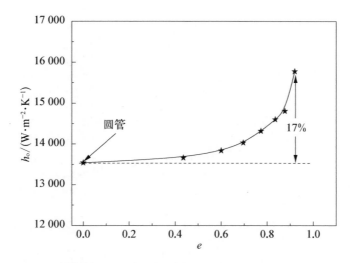

图 4-6   椭圆度(e)对直椭圆管管外平均冷凝传热系数的影响

的变化是不一样的,这种差异导致椭圆管上部与下部液膜厚度较薄,冷凝传热效果较圆管好。而椭圆度越大,椭圆截面越扁平,重力对液膜的影响作用越明显。

如图 4-7 所示,为四种不同截面椭圆度的椭圆管外表面液膜厚度变化情况。可见,椭圆度越大的椭圆管,其顶部与底部的液膜厚度越薄,而管的中间部分,液膜厚度相差不大。因此,椭圆度越大,传热性能越好。图 4-8 为不同

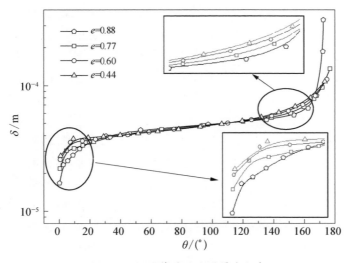

图 4-7   椭圆管壁面液膜厚度分布

101

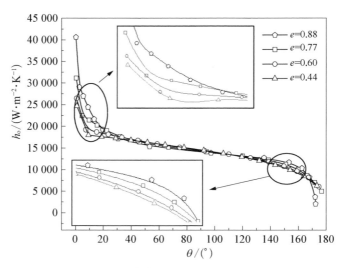

图 4-8　椭圆管管外蒸气冷凝传热系数分布

椭圆度的椭圆管外表面局部冷凝传热系数分布。与液膜厚度分布情况相对应,椭圆度越大的椭圆管,其顶部与底部的传热系数越高,总体的冷凝强化传热性能越好,平均冷凝传热系数也越高。

（3）表面张力对椭圆管外蒸气冷凝传热特性的影响

对于光滑圆管而言,其表面各点曲率半径相同,不存在变化。因此,冷凝液膜的流动方程中,与表面张力有关的 $Bo(\varphi)$ 项为 0。即对于圆管而言,冷凝液表面张力的变化不会对其冷凝效果产生影响。而对于椭圆管,其表面的曲率半径是不同的,因此, $Bo(\varphi) \neq 0$,表面张力不可以忽略。为分析表面张力对椭圆管管外冷凝传热特性的影响,计算了相同冷凝温差下,冷凝液具有不同表面张力系数的介质蒸气的冷凝传热系数。由于物性不同,蒸气在椭圆管上的冷凝传热系数可能不在同一个数量级,因此不能通过比较传热系数绝对值的大小来分析表面张力对传热性能的影响。此处,采用不同物性的蒸气在椭圆管外冷凝传热系数与在圆管外冷凝传热系数的比值,分析表面张力的变化对椭圆管强化冷凝传热效果的影响,如图 4-9 所示。可以看出,随表面张力系数的增大,强化效果减弱,但是减弱的趋势缓慢,尤其是小椭圆度的椭圆管,减小的趋势更不明显。由此可见,表面张力对椭圆管的传热性能的影响并不明显,尤其是对于椭圆度较小的椭圆管,流体表面张力的变化对其传热性能几乎没有影响。如 $e=0.92$ 的情况,表面张力系数从 0 增大到 0.154 N/m,传热系数降低约 5%;而对椭圆度 $e=$

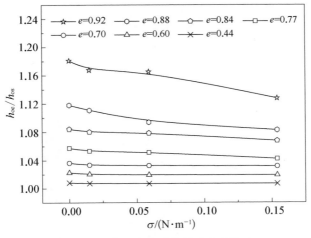

图 4-9　表面张力对传热系数的影响

0.44 的椭圆管,表面张力系数为 0 变化到 0.154 N/m,传热系数仅降低约 1%。

图 4-10 是椭圆度 $e=0.44$、冷凝液表面张力系数分别为 0 与 0.514 N/m 时椭圆管外液膜分布情况;图 4-11 是两种表面张力系数下局部传热系数变化曲线。由此可见,表面张力系数虽然不同,但是局部液膜厚度曲线与局部传热系数曲线几乎重合,即不论表面张力是否存在,对该椭圆管外液膜的分布几乎都不产生影响,即对冷凝传热几乎不产生影响。

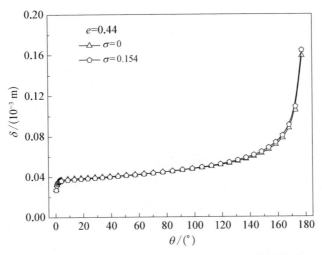

图 4-10　$e=0.44$ 时表面张力系数对液膜分布的影响

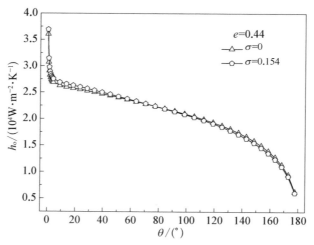

图 4-11　$e=0.44$ 时表面张力系数对局部传热系数的影响

图 4-12 与图 4-13 分别是椭圆度 $e=0.92$、表面张力系数分别为 0 与 0.514 N/m 时椭圆管外液膜与局部传热系数变化曲线。可见,与 $e=0.44$ 的情况不同,该椭圆度下,椭圆管外的液膜分布受表面张力的影响较为明显。在椭圆管的顶部,$0\sim50°$没有表面张力的情况下,液膜较厚;在管的底部,大于 $100°$ 之后,情况则相反,没有表面张力时的液膜厚度较薄。如上文所述,椭圆管表面的曲率半径是不断变化的,在椭圆管的顶部,曲率半径逐渐增大,液膜表面张力引起的压力梯度大于 0,即 $-\dfrac{\partial p}{\partial x}=\dfrac{\sigma}{R^2}\cdot\dfrac{\partial R}{\partial x}>0$,其与重力分量的方向相同,对顶部液膜有"下拉"的作用,顶部液膜厚度减薄。相反,在椭圆管的底部,椭圆曲率半径逐渐减小,表面张力引起的压力梯度小于 0,即 $-\dfrac{\partial p}{\partial x}=\dfrac{\sigma}{R^2}\cdot\dfrac{\partial R}{\partial x}<0$,其与重力分量方向相反,表面张力的存在延缓了冷凝液沿管壁的向下流动,导致底部液膜积聚增厚,甚至提前滴落。如图 4-12 所示,由于表面张力的存在,当 $\theta>120°$ 时,液膜的厚度迅速增大,在 $140°$左右即与管壁分离,开始滴落,即 $140°$后的壁面对传热的贡献不大,传热系数很低。由此可见,表面张力的存在使得椭圆管顶部液膜厚度减薄,与之对应,顶部的传热系数也增大,如图 4-13 所示。相反,表面张力使得椭圆管底部的液膜厚度增大,与之对应,底部的传热系数减小。考虑平均传热系数,顶部传热系数的升高与底部传热系数的降低几乎相互抵消。而下部液滴提前开始滴落导致管底部较低传

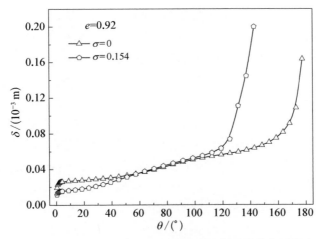

图 4-12　$e=0.92$ 时表面张力系数对局部液膜厚度的影响

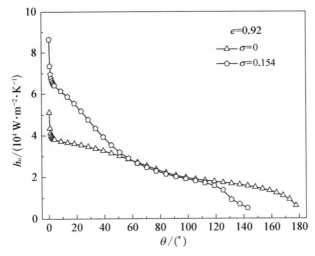

图 4-13　$e=0.92$ 时表面张力系数对局部传热系数的影响

热系数的出现,使得平均的传热系数更低。即如图 4-9 所示,随表面张力系数的增大,平均传热系数降低。对于 $e=0.44$ 与 $e=0.92$ 的椭圆管,前者曲率半径的变化较后者缓和得多,因此,表面张力对 $e=0.44$ 的椭圆管传热性能的影响很小,而对具有较大椭圆度的椭圆管其影响则比较明显。

（4）直椭圆管长轴倾斜角度对其传热性能的影响

为了分析椭圆管长轴倾斜角度对其传热性能的影响,计算获得了水蒸气在不同椭圆度、不同倾斜角度椭圆管表面的冷凝过程的平均传热系数。如

图 4-14 所示,对所计算的各椭圆度的椭圆管,其长轴与竖直方向夹角为 0°,即长轴竖直时,平均冷凝传热系数最高;随着倾斜角度的增大,传热系数降低,当长轴倾斜 90°即长轴水平时,平均冷凝传热系数最小。上文已述,椭圆管长轴竖直时,传热效果较圆管好,图 4-14 也体现出这一点。此外,在图 4-14 中与圆管($e=0$)进行比较,椭圆管在长轴水平时的传热系数要比圆管小,且椭圆度越大,传热系数越低。与圆管相比,椭圆管长轴竖直时,椭圆管顶部与底部液膜受到更大重力分量的作用,厚度减薄,传热性能提高,且椭圆度越大越明显。与之相反,长轴水平时,上表面与下表面的液膜在相对"平坦"的表面上流动,所受重力分量比圆管小,冷凝液的流动排除速度更慢,导致液膜厚度较大,传热效果变差。而椭圆度越大,椭圆管越扁平,甚至接近于水平平板,其传热效果自然要差得多。因此,长轴水平的椭圆管平均传热系数较圆管低,且椭圆度越大,与圆管相差越大。

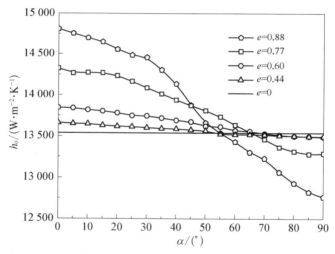

图 4-14　椭圆管长轴倾斜角度(α)对管外蒸汽冷凝传热系数的影响

3. 螺旋形变管管外蒸汽冷凝传热特性分析

螺旋形变管管外蒸汽冷凝传热性能的分析,是在椭圆管管外蒸汽冷凝传热特性研究的基础上进行的。本节根据螺旋形变管管外蒸气冷凝的理论模型,基于计算获得的椭圆管管外蒸汽冷凝特性,重点探讨椭圆度、螺旋节距以及表面张力三个因素对螺旋形变管冷凝传热性能的影响规律。

(1) 椭圆度对螺旋形变管传热特性的影响

计算获得了常压下冷凝温差为 10 K 时,螺旋节距相同($s=200$ mm)而截面椭圆度不同的螺旋形变管管外蒸汽冷凝平均传热系数,如图 4-15 所示。在相同节距下,随着截面椭圆度的增大,螺旋形变管外平均蒸汽冷凝传热系数增大。椭圆度(e)由 0.44 增大到 0.92 时,传热系数增大约为 6%。由上文中椭圆度对椭圆管传热系数的影响可知,长轴垂直时,椭圆管的传热系数随椭圆度的增大而增大;而长轴水平时,椭圆管的传热系数随椭圆度的增大而减小。长轴位置从垂直向水平变化时,椭圆管传热系数逐渐减小。计算模型将螺旋形变管视为不同长轴倾斜角度的微小椭圆管段的组合体,结果表明,椭圆度对螺旋形变管传热系数的影响趋势与对长轴垂直椭圆管传热系数的影响趋势相同。具有较大椭圆度的螺旋形变管比较小椭圆度的螺旋形变管传热系数高、传热性能好。

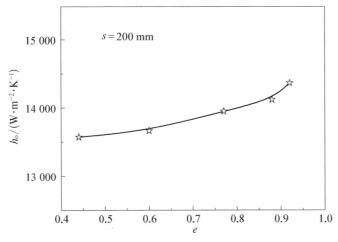

图 4-15　椭圆度对螺旋形变管管外蒸汽冷凝传热系数的影响

(2) 螺旋节距对螺旋形变管传热特性的影响

图 4-16 为计算获得的螺旋形变管管外平均蒸汽冷凝传热系数随节距的变化规律。由此可见,椭圆度一定,螺旋形变管管外蒸汽冷凝传热系数随节距增大而稍有增大,但变化程度不大。考虑极端的情况,节距无限大,即为一长轴垂直的椭圆管,其传热系数比螺旋形变管要高。可见,与椭圆度相比,螺旋节距对螺旋形变管传热性能的影响明显较小。

(3) 表面张力对螺旋形变管传热特性的影响

物性变化后,对传热系数绝对值的影响比较大,因此,同样采用螺旋形变管管外冷凝传热系数与相同工况下圆管管外冷凝传热系数的比值来表征换热管的传热效果。图 4-17 是椭圆度不同的两螺旋形变管,其管外平均

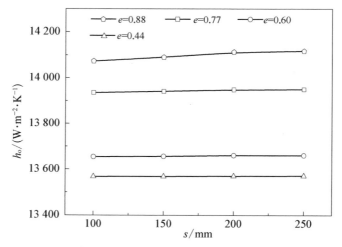

图 4-16　节距对螺旋形变管管外蒸汽冷凝传热系数的影响

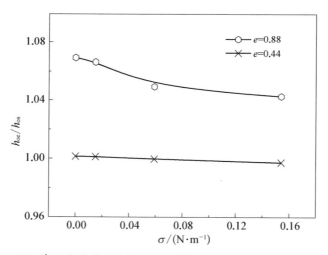

图 4-17　表面张力系数对螺旋形变管管外蒸汽冷凝传热系数的影响

冷凝传热系数随冷凝液表面张力系数的变化趋势。对于较小椭圆度（$e=$ 0.44）的螺旋形变管,其冷凝传热性能随冷凝液表面张力系数的增大而降低,但变化不明显。而对于椭圆度 $e=0.88$ 的螺旋形变管,随冷凝液表面张力系数的增大,其冷凝传热性能降低,虽然降低幅度较小,但较 $e=0.44$ 的螺旋形变管则明显得多。表面张力对螺旋形变管传热性能的影响与对椭圆管的影响规律几乎是相同的,即截面椭圆度较大时,表面张力的影响更明显。

4.3　螺旋形变管管外蒸汽冷凝传热特性

上节通过理论分析的方法,研究了螺旋形变管管外蒸气冷凝传热特性的影响因素以及各因素对螺旋形变管管外冷凝传热性能的影响规律。为进一步研究并验证螺旋形变管管外蒸气冷凝传热规律,本节通过进行螺旋形变管管外水蒸气冷凝传热实验,研究螺旋形变管管外水蒸气冷凝传热特性以及结构参数对其管外冷凝传热特性的影响规律,并对螺旋形变管强化冷凝传热的机理进行进一步分析与讨论。

4.3.1　实验装置与方法

1. 实验装置与流程

螺旋形变管管外蒸汽冷凝传热实验在如图 4-18 所示多功能传热实验平台上进行,实验流程如图 4-19 所示。实验采用套管换热的方式,换热管内走冷却水,管外为水蒸气冷凝。实验过程中,冷却水由恒温水箱经泵,通过涡轮流量计,进入实验换热管内,与管外蒸汽换热而被加热。被加热的冷却水,流经一板式换热器,在其中被冷却后返回到冷却水箱中,如此即可保证冷却水入口温度基本恒定。蒸汽发生器中产生的水蒸气经管道进入套管式冷凝器的壳侧,在换热管外壁面冷凝。冷凝液进入收集罐,计量其产生量。多余的蒸汽进入另一辅助冷凝器中,冷凝后返回蒸汽发生器。

图 4-18　多功能传热实验平台

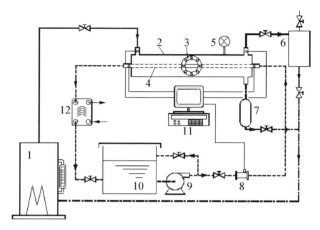

图 4-19　螺旋形变管管外蒸汽冷凝传热实验流程

1—蒸汽发生器;2—测试部分;3—窥视孔;4—测试管;5—压力表;
6—辅助冷凝器;7—冷凝物测量容器;8—涡轮流量传感器;9—离心
泵;10—冷却水箱;11—数据采集系统;12—板式换热器

螺旋形变管管外蒸汽冷凝实验所使用的换热管,为无相变管内对流实验中用到的 6 根换热管,其结构参数见表 4-1。

表 4-1　实验用换热管结构参数

编　号	管　型	换热管尺寸规格/mm		
		截面尺寸 A	节距 s	有效换热长度 L
SDT No.1	螺旋形变管	22.4	104	1 750
SDT No.2	螺旋形变管	23.3	152	1 750
SDT No.3	螺旋形变管	23.7	192	1 750
SDT No.4	螺旋形变管	22.5	192	1 750
SDT No.5	螺旋形变管	22	192	1 750
CT	圆管	$\phi 19 \times 1$	—	1 750

2. 实验方法

(1) 实验数据的测量与采集

实验过程中需要测量的数据包括管程冷却水的进、出口温度以及质量流量,壳程蒸汽的进、出口温度及压力,冷凝水的生成量。

冷却水及蒸汽温度采用 OMEGA 铠装热电偶测量;冷却水的质量流量采用涡轮流量计测量;蒸汽压力采用精密压力表测量;冷凝水的产生量通过冷凝水收集罐的液位刻度尺确定;温度、流量等信号通过 Agilent 34970A 数据采集仪采集。实验过程中保持管外蒸汽冷凝温度基本恒定(约 100.5℃)、冷却水入口温度恒定。待系统达到热平衡状态后,对每个测试点进行数据采集。

(2) 实验数据处理方法

蒸汽冷凝实验的目的主要是获得冷凝传热系数,采用直接测试壁温的方法获得传热系数,需要在换热管的外壁面焊接多条热电偶。这对热电偶的焊接质量要求较高,同时管壁上热电偶的存在会影响到外壁面蒸汽冷凝过程冷凝液的流动。因此,实验中采用不测壁温的修正的威尔逊法获得冷凝传热系数。具体过程如下。

实验前,换热管均被仔细清洗,因此,实验过程中,污垢热阻可以忽略不计。蒸汽冷凝过程的总热阻包括管内冷却水对流传热热阻、管壁热阻以及管外蒸汽冷凝热阻。如式(4-50)所示:

$$\frac{1}{k} = \frac{1}{h_o} + R_w + \frac{d_o}{h_i d_i} \qquad (4-50)$$

式中,h_o 为管外传热系数;h_i 为界面传热系数;R_w 为管壁热阻,可按照下式进行计算:

$$R_w = \frac{d_o}{2\lambda_w} \ln\left(\frac{d_o}{d_i}\right) \qquad (4-51)$$

式中,λ_w 为管壁热导率,$W \cdot m^{-1} \cdot K^{-1}$。

实验过程的热负荷 Q,冷凝传热的对数传热温差 ΔT_{LMTD} 以及总传热系数 k 可分别按照以下各式进行计算:

$$Q = M_{cw} c_{pcw} (T_{cwo} - T_{cwi}) \qquad (4-52)$$

式中,M_{cw} 为冷却水量;c_{pcw} 为冷却水的比热容;T_{cwo} 为冷却水出口温度;T_{cwi} 为冷却水进口温度。

$$\Delta T_{LMTD} = \frac{(T_{sat} - T_{cwi}) - (T_{sat} - T_{cwo})}{\ln\left(\frac{T_{sat} - T_{cwi}}{T_{sat} - T_{cwo}}\right)} \qquad (4-53)$$

$$k = \frac{Q}{F_o \Delta T_{LMTD}} \qquad (4-54)$$

式中,F_o 为管外表面积。

冷却水侧的对流传热系数可按照 Sieder-Tate 方程的形式计算,如式(4-55)所示:

$$h_i = c_i \frac{\lambda_{cw}}{d_e} Re_{cw}^{0.8} Pr_{cw}^{1/3} \left(\frac{\mu_{cw}}{\mu_w} \right)^{0.14} = c_i A \qquad (4-55)$$

式中，λ_{cw} 为冷却水的热传导系数；d_e 为水力直径；Re 为雷诺(Reynolds)数；Pr 为普朗特(Prandtl)数；μ_{cw} 为冷却水的黏度(平均温度下)；μ_w 为黏度(壁温下)。

蒸汽冷凝侧的传热系数可按照 Nusselt 方程的形式进行计算，如式 (4-56)所示：

$$h_o = c_o \left[\frac{gr\rho_c^2 \lambda_c^3}{\mu_c d_o \Delta T_{sub}} \right]^{1/4} \qquad (4-56)$$

式中，ρ_c 为密度；λ_c 为导热系数；μ_c 为黏度；c 指冷凝液。

式(4-55)与式(4-56)中的系数 c_i 与 c_o 是需要通过实验确定的。

蒸汽冷凝侧壁面过冷度可表示为

$$\Delta T_{sub} = T_{sat} - T_w = \frac{Q}{h_o F_o} = \frac{Q}{h_o \pi d_o L} \qquad (4-57)$$

将式(4-57)代入式(4-56)中，可以得到：

$$h_o = c_o^{4/3} \left[\frac{gr\rho_c^2 \lambda_c^3 \pi L}{\mu_c Q} \right]^{1/3} = c_o^{4/3} B \qquad (4-58)$$

进而，总的传热热阻可以表示为

$$\frac{1}{k} = \frac{1}{c_o^{4/3} B} + \frac{d_o}{2\lambda_w} \ln \frac{d_o}{d_i} + \frac{d_o}{c_i A d_i} \qquad (4-59)$$

式中，k 为总传热系数，$W \cdot m^{-2} \cdot K^{-1}$，$\lambda_w$ 为管壁导热系数。

令

$$X = \frac{B d_o}{A d_i} \qquad (4-60)$$

$$Y = \frac{B}{k} - \frac{B d_o}{2\lambda_w} \ln \frac{d_o}{d_i} \qquad (4-61)$$

式(4-61)可以用线性方程的形式表示为

$$Y = mX + n \qquad (4-62)$$

其中：

$$m = 1/c_i \qquad (4-63)$$

$$n = 1/c_o^{4/3} \qquad (4-64)$$

参数 m 与 n 可以通过曲线拟合的方法确定，进而可求得 c_i 与 c_o，代入式 (4-55) 与式 (4-56) 中即可求得管内与管外传热系数。

4.3.2　螺旋形变管管外蒸汽冷凝传热特性的实验研究

1. 蒸汽在螺旋形变管管外的冷凝特性分析

实验获得了蒸汽在如表 4-1 所示的各螺旋形变管及圆管管外的冷凝传热系数，如图 4-20 所示即为冷凝传热系数随冷凝温差的变化曲线。

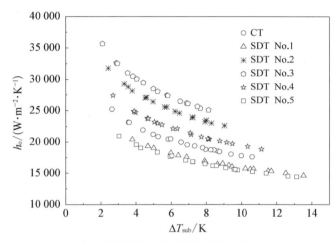

图 4-20　各实验管管外蒸汽冷凝传热系数随冷凝传热温差变化

由图 4-20 可见，随着过冷度的增大，冷凝传热系数减小。随着壁面过冷度的增加，冷热流体的传热温差增大，通过管壁的热通量也应该是不断增大的。如图 4-21 所示，热通量确实随着壁面热通量的增大而不断增大。热通量越大，意味着单位时间内被冷凝的蒸汽量越大，即所产生的冷凝液的液膜越厚，液膜热阻增大，进而使冷凝传热系数减小。

由图 4-20 还可以看出，相同冷凝温差下，并不是所有螺旋形变管的传热系数都高于圆管。其中 2 号、3 号与 4 号螺旋形变管的冷凝传热系数高于圆管，而 1 号管与 5 号管却比圆管低。比较 3 号管、4 号管与 5 号管的结构参数，这三根管的螺旋节距相同，但是截面的长短轴之比即椭圆度不同。其中，3 号管椭圆度最大，为 0.86，因此蒸汽在 3 号管管外的冷凝传热系数也最大，即冷凝传热系数随椭圆度的增加而增大。即使将具有不同节距的 1 号管与 2 号管考虑进来，这一规律也仍然适用。3 号管是五根换热管中椭圆度最大的，因此也是冷凝传热系数最高的。这种变化趋势，与前文中理论分析获得椭圆度对

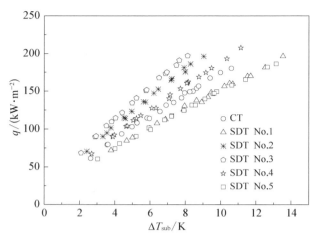

图 4-21　蒸汽管管外冷凝热流密度随冷凝传热温差的变化

螺旋形变管管外蒸汽冷凝的影响规律是一致的,同样表明椭圆度是影响螺旋形变管管外冷凝传热性能的主要因素。对于 1 号管与 5 号管,前者的椭圆度大于后者,相同冷凝温差下前者的管外冷凝传热系数高于后者,但却不是很明显,这与 5 号管相对 1 号管的螺旋节距更大有关,即增大节距可提高冷凝传热效果。这一现象同样与前文的理论分析吻合,同时也与含不凝气的煤油蒸气在螺旋形变管管外的冷凝获得的结论相似:对于椭圆度为 0.92 的螺旋形变管,节距为 210 mm 的冷凝传热系数大于节距为 160 mm 的螺旋形变管。

为了进一步评估螺旋形变管的强化冷凝传热特性,引入强化因子(Enhancement Factor,EF),即相同冷凝温差下,强化管的冷凝传热系数与圆管的冷凝传热系数之比。根据实验结果,作出了各螺旋形变管强化因子的变化曲线,如图 4-22 所示。由此可见,壁面过冷度的变化对强化因子影响较小,随着过冷度的变化,各管的强化因子基本不变。五根螺旋形变管的强化因子由大到小分别为 1.34、1.24、1.09、0.90 与 0.87。其中,3 号管具有最好的冷凝强化传热性能,其冷凝侧传热系数较圆管高约 34%。

对于具有 192 mm 节距的 3 号、4 号与 5 号螺旋形变管,图 4-23 为其冷凝传热平均强化因子随管截面椭圆度的变化曲线。在图上可以找到纵坐标为 1 的点,其横坐标为 0.77,即对于节距为 192 mm 的螺旋形变管而言,只有当其椭圆度超过 0.77 时,才可以强化管外的蒸汽冷凝传热过程。因此可以说,对于某一节距的螺旋形变管,只有其椭圆截面的椭圆度超过了某一临界值,其管外蒸汽冷凝传热效果才会优于光滑圆管。同时还可以推测,对于节距超过 192 mm 的螺旋形变管,临界椭圆度小于 0.77;而对于节距小于 192 mm 的螺

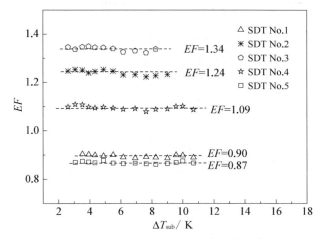

图 4 - 22　冷凝强化传热因子(EF)随壁面过冷度变化曲线

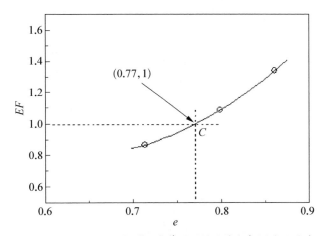

图 4 - 23　$s=192\,\mathrm{mm}$ 螺旋形变管强化因子随曲率(e)变化曲线

旋形变管,这一临界值要增大。

2. 螺旋形变管管外蒸汽冷凝强化传热机理分析

　　上节中关于直椭圆管上蒸汽冷凝传热特性的理论分析表明,当直椭圆管的长轴位于竖直方向时,其管外蒸汽冷凝传热系数大于圆管;而当长轴水平时,管外蒸汽冷凝传热系数则小于圆管。与圆管不同,椭圆管外表面上各点的曲率半径是不同的,因此冷凝液在椭圆管的表面除受到重力外,还会受到表面张力的作用。对于椭圆度较小的椭圆管,表面张力的影响可以忽略不计;而对于椭圆度较大的椭圆管,椭圆管上半部分液膜受到的表面张力将液膜拉薄,而下半部分的表面张力却阻碍了冷凝液的排除,使得冷凝液膜增厚。因此,表面

张力的存在,使得在增大上半表面传热系数的同时降低了下半部分的传热系数。而总体来讲,表面张力的存在减小了冷凝传热系数,但是幅度不大。然而,冷凝液所受到的重力作用是不能忽略的。椭圆度越大,重力作用对冷凝传热影响越明显,因此椭圆度越大的管,冷凝传热效果越好。前文理论分析部分关于此已作详细分析,此处不赘述。

对椭圆管管外蒸汽冷凝规律的讨论,有助于对螺旋形变管强化传热机理的理解。螺旋形变管被近似认为是由多段长轴倾角连续变化的直椭圆管管段构成的。长轴竖直的管段其冷凝传热系数高于圆管,而长轴水平的则低于圆管,其他管段则介于两者之间。理论计算的结果已经证明了这一点(图 4-14)。在实验过程中,也进行了长轴不同倾斜角度的直椭圆管管外蒸汽冷凝传热规律研究,结果如图 4-24 所示。其中 ET-V、ET-H 与 ET-45 分别表示长轴竖直、长轴水平以及长轴倾斜 45°的椭圆管。可见,长轴竖直的椭圆管管外蒸汽冷凝传热系数高于圆管,且仅低于螺旋形变管中效果最好的 3 号管。长轴水平的椭圆管管外蒸汽冷凝传热系数则比圆管低。长轴倾斜 45°的椭圆管的冷凝传热系数介于两者之间,比圆管稍低。因此,作为各种长轴倾斜角度椭圆管段的组合,螺旋形变管管外的冷凝传热效果并不一定优于圆管。

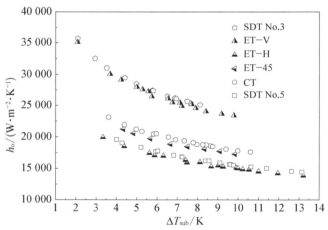

图 4-24　长轴不同倾斜角度的直椭圆管管外蒸汽冷凝
传热系数与圆管及螺旋形变管的比较

3. 管外蒸汽冷凝工况下螺旋形变管传热效果与其他高效管的对比

螺旋形变管可强化管内流体的单相对流传热,而根据本章的研究结果可知,具有某些结构参数的螺旋形变管,同时可以强化管外蒸汽的冷凝传热。可见,在管外蒸汽冷凝工况下,螺旋形变管是一种双侧强化换热管。双侧强化的总体效果用总传热系数来表征。图 4-25 给出了管外冷凝工况下,螺旋形变管总传热系数随管内冷流体 Re 数的变化曲线,并与光滑圆管进行了对比。由图 4-25 可见,1 号、2 号、3 号与 4 号螺旋形变管的总传热系数较光滑圆管高,而 5 号螺旋形变管较圆管稍低。其中 3 号管总传热系数最高,为圆管的1.25~1.3 倍。而对于 5 号管,其管内传热获得强化,但其管外冷凝传热系数却较圆管低,从而导致总传热系数低于圆管。

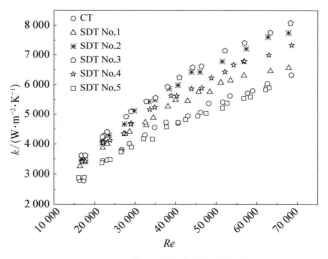

图 4-25　螺旋形变管及圆管总传热系数随 Re 数变化

目前工业上所采用的冷凝强化换热管,如螺纹管、低肋管与微肋管、纵槽管等,主要是在圆管外加各种样式的肋片,仅管外单侧的凝结过程获得强化。为比较管外冷凝工况下,螺旋形变管与其他冷凝强化管的总体强化效果,对相同操作参数下螺旋形变管与其他高效冷凝强化管的总传热系数进行计算与对比。假设管外为蒸汽冷凝,管内为冷却水被加热,忽略管壁与污垢热阻。螺旋形变管采用 3 号实验管的数据,与之对比的是两种外表面整体低肋管:一种为圆形肋(CIFT),另一种为脊形肋(SIFT),两种管的结构参数见表 4-3。两种肋片管的管内对流传热系数采用 Gnielinski 公式进行计算;圆形肋管可强化冷凝传热约为 3 号实验管的 2.5 倍,而脊形肋可达 3.2 倍,两种管管外冷凝传热系数的计算据表 4-3 中关联式。

表 4-3　两种整体低肋管的结构参数与冷凝传热系数计算关联式

管　型	肋高/mm	肋厚/mm	肋间距/mm	冷凝传热系数计算关联式
CIFT	1.10	1.11	1.46	$h_o = 58.97 \times (T_{sat} - T_{wo})^{-0.27} \times 10^3$
SIFT	1.06	1.11	1.15	$h_o = 78.32 \times (T_{sat} - T_{wo})^{-0.28} \times 10^3$

图 4-26 是相同工况下,螺旋形变管与这两种整体低肋管总传热系数的对比曲线。可见,管内冷却水 $Re<35\,000$ 时,螺旋形变管总传热系数高于两种低肋管;而 $Re>35\,000$ 时,SIFT 的总传热系数比螺旋形变管大。螺旋形变管是双面强化管,由前文的研究结果可知,在低 Re 数下,其管内强化传热效果更好;随 Re 数增大,管内强化优势减小。因此,低 Re 数下,螺旋形变管的总体传热性能较优,在实验 Re 数范围内,总传热系数最大约为 CIFT 的 1.2 倍;随 Re 数增大,肋片管管外强化传热占优势,总体传热性能优于螺旋形变管,在实验 Re 数范围内,SIFT 的总传热系数最大约为螺旋形变管的 1.1 倍。可见,对于传统的冷凝强化管,虽然其单侧冷凝传热系数较圆管可提高 2～4 倍,但总传热系数与螺旋形变管基本处于同一水平。在某些制冷场合,如小型制冷机与柜式空调机中,仍然多采用套管式水冷冷凝器,内管多为低肋管,而由螺旋形变管与低肋管的比较可知,管外冷凝工况下,其总传热系数与低肋管相当,而螺旋形变管的加工效率更高,成本也相对较低,因此螺旋形变管完全可以应用于套管式水冷冷凝器。

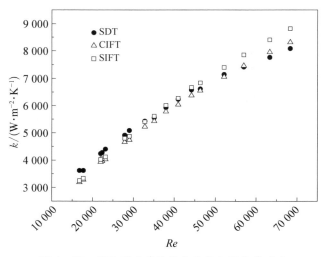

图 4-26　螺旋形变管总传热系数与肋片管对比

第 5 章

纵槽管强化冷凝传热特性

5.1 概述

根据第 1 章所述,德国学者 Gregorig 于 1954 年首先提出利用表面张力来强化垂直壁面上层流膜状冷凝传热的方法,这一方法就是采用槽形竖壁结构,而单面纵槽换热管就是其中一种形式。Gregorig 建立了优化的槽峰曲率半径方程,但没有对槽谷的几何尺寸作出规定。此后,V 形槽、矩形槽、余弦形槽等多种形式的槽被研究人员开发出来,但是关于各种槽形的理论研究还不成熟。

鉴于此,本章将从槽形竖壁表面冷凝规律着手进行研究,开发相应的传热计算方法,优选出综合性能较好的槽形,并将研究结果应用于纵槽管,进行优化槽形的冷凝传热实验研究,考察其冷凝强化性能,为槽形竖壁结构的设计和应用提供技术支持。

5.2 纵槽管表面膜状冷凝成膜规律

与垂直平面的冷凝相比,由于曲率不同,纵槽表面液膜厚度以及液膜内速度场、温度场的分布更为复杂,所以深入研究液膜的形成规律有助于了解槽形竖壁表面冷凝强化规律。

槽形竖壁表面膜状冷凝模型,参考 Nusselt 蒸气层流膜状凝结理论,对模型进行适当的简化,并作合理的假设,根据流体力学和传热学的基本原理导出液膜厚度方程和导热方程;以文献中的余弦形槽为例,使用有限差分法、有限元法等数值方法解方程,MATLAB 编程得到了传热量、液膜厚度和液膜内的速度场及温度场,通过与文献中的实验值进行对比,验证了理论分析的可靠性,探讨了液膜形成规律以及强化机理。

5.2.1　纵槽管管外冷凝传热模型

常见的槽形主要有两类,第一类是每个槽峰顶部有一个曲率半径较小的区域,如 V 形槽、余弦形槽等;另一类是每个槽峰顶部有两个曲率半径较小的区域,主要有矩形槽。根据流体力学的基本原理,槽表面的冷凝液应从曲率半径较小的区域向两侧流动,这个规律对于两类槽形都是成立的。但无论是几何结构还是冷凝液流动分布,第一类槽形都具有较为简单的特点,可以作为研究第二类槽形的基础,因此,本节以第一类槽形为对象,进行一般性的理论研究。

1. 模型的简化与假设

槽形竖壁表面的膜状冷凝,竖壁有槽的一侧处于纯净饱和蒸气氛围中,蒸气在槽的表面冷凝;另一侧为冷却面,假设该侧温度恒定且低于槽侧饱和蒸气的温度。对于纵槽管,由于槽的尺寸远小于管子的尺寸,因此,可以忽略管子横向曲率的影响,近似认为管壁为平壁,建立与之对应的模型。在理论分析之前,首先应建立合适的坐标系统。由于槽的表面是曲面,因此建立正交曲线坐标系(s, n, z)更方便、合理。图 5-1 为正交曲线坐标系三维示意,以重力方向(槽的纵向)为 z 轴,以垂直于槽表面的法向为 n 轴,横截面内槽的切向为 s 轴。

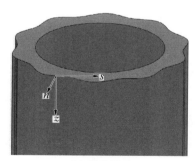

|(a) 槽形竖壁结构|(b) 纵槽管|

图 5-1　正交曲线坐标系三维示意

由于单个槽的横截面是对称的,为了便于分析,取槽的一半作为研究对象。经过简化后的模型如图 5-2 所示,DE 为槽的表面,槽处于纯净饱和蒸气氛围中,蒸气温度保持为饱和温度 T_{sat};蒸气在槽表面冷凝,AB 为蒸气和冷凝液的界面(简称"气液界面");OC 代表冷却面(或管子内表面），温度为 T_c；ADO 和 BEC 为对称边界。$Oxyz$ 为笛卡尔直角坐标系；$O'snz$ 为正交曲线坐标系，s 和 n 分别为槽表面的切向和法向，z 为重力方向（槽的纵向）。设横截面上槽的曲线方程为 $y = f(x)$，气液界面的曲线方程为 $y = f_i(x)$。

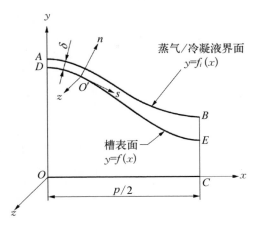

图 5-2　槽横截面及坐标系统

针对纯净饱和蒸气在纵槽管外表面冷凝的物理过程，Nusselt 蒸气层流膜状凝结理论的假设同样适用：

（1）蒸气为纯净饱和蒸气，不含杂质或其他不凝性气体。

（2）冷凝液和蒸气的物性为常数。

（3）液膜流动是稳态、小雷诺数的，可以忽略动量方程中的对流项和惯性项。

（4）蒸气的流速很小，可以忽略它对液膜的影响，即忽略汽液两相之间的黏性剪切力。

（5）相变发生在汽液界面上，液膜在界面上的温度等于饱和温度。

（6）忽略液膜内部对流引起的热量传递，即液膜内部仅有导热作用；忽略液膜和竖壁中的纵向导热。

（7）液膜表面是平滑的，没有波动。

另外，针对槽形竖壁表面的冷凝作如下假设：气液界面的垂直方向曲率远小于横向曲率，可以忽略垂直方向曲率变化。

2. 坐标变换及拉梅系数的计算

从笛卡尔直角坐标系 (x, y, z) 变换到正交曲面坐标系 (s, n, z) 需要经过两步坐标变换。坐标变换过程如图 5-3 所示：首先直角坐标系 (x, y, z) 平移到 (x', y', z)，然后 (x', y', z) 绕 z 轴旋转至正交曲面

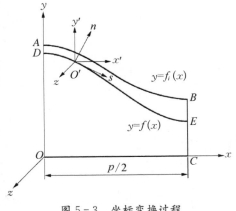

图 5-3　坐标变换过程

121

坐标系 (s, n, z)，分别使 x' 与 s 重合、y' 与 n 重合。

（1）直角坐标系 (x, y, z) 平移到 (x', y', z)，坐标变换公式如下：

$$x = x' + x_{O'} \tag{5-1}$$

$$y = y' + y_{O'} \tag{5-2}$$

$$z = z \tag{5-3}$$

（2）(x', y', z) 绕 z 轴旋转至正交曲面坐标系 (s, n, z)，使 x' 轴与 s 轴、y' 轴与 n 轴重合，坐标变换公式如下：

$$x' = -n \frac{f'}{\sqrt{1+f'^2}} \tag{5-4}$$

$$y' = n \frac{1}{\sqrt{1+f'^2}} \tag{5-5}$$

$$z = z \tag{5-6}$$

式（5-4）、式（5-5）和式（5-6）分别代入式（5-1）、式（5-2）和式（5-3），得到笛卡尔直角坐标系与正交曲面坐标系之间的坐标变换关系式如下：

$$x = x_{O'} - n \frac{f'}{\sqrt{1+f'^2}} \tag{5-7}$$

$$y = y_{O'} + n \frac{1}{\sqrt{1+f'^2}} \tag{5-8}$$

$$z = z \tag{5-9}$$

坐标变换后的拉梅系数为

$$H_1 = \left[\left(\frac{\partial x}{\partial s} \right)^2 + \left(\frac{\partial y}{\partial s} \right)^2 + \left(\frac{\partial z}{\partial s} \right)^2 \right]^{1/2} = 1 - n \frac{f''}{(1+f'^2)^{3/2}} = \frac{R-n}{R} \tag{5-10}$$

$$H_2 = \left[\left(\frac{\partial x}{\partial n} \right)^2 + \left(\frac{\partial y}{\partial n} \right)^2 + \left(\frac{\partial z}{\partial n} \right)^2 \right]^{1/2} = 1 \tag{5-11}$$

$$H_3 = \left[\left(\frac{\partial x}{\partial z} \right)^2 + \left(\frac{\partial y}{\partial z} \right)^2 + \left(\frac{\partial z}{\partial z} \right)^2 \right]^{1/2} = 1 \tag{5-12}$$

式(5-10)中 R 为曲线 $f(x)$ 的曲率半径,计算公式为

$$R = \frac{1}{\kappa} = \frac{(1+f'^2)^{3/2}}{f''} \qquad (5-13)$$

式中,κ 为曲线的曲率。

这里,规定 R 与 f'' 同号,即

当 $f'' > 0$［曲线 $f(x)$ 是"凹"的］时,$R > 0$;

当 $f'' < 0$［曲线 $f(x)$ 是"凸"的］时,$R < 0$。

3. 液膜厚度方程推导及无量纲化处理

（1）质量守恒方程

根据流体力学基本原理,质量守恒方程的基本形式为

$$\iint_{A_1} (\boldsymbol{n}_1 \cdot \boldsymbol{u}) \mathrm{d}A = \iint_{A_2} (\boldsymbol{n}_2 \cdot \boldsymbol{u}) \mathrm{d}A \qquad (5-14)$$

首先建立微小固定空间,如图 5-4 所示,根据质量守恒方程,在微小固定空间内流入的体积流量等于流出的体积流量。

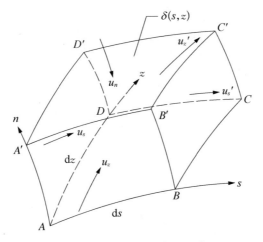

图 5-4　微小固定空间示意

流入的体积流量为

s 向（从 $ADD'A'$ 面流入）：$\mathrm{d}z \int_0^\delta u_s \mathrm{d}n$

n 向（从 $A'B'C'D'$ 面流入）：$u_n \mathrm{d}s \mathrm{d}z$

123

$$z \text{ 向}（从 ABB'A' \text{ 面流入}）：ds \int_0^\delta u_z dn$$

流出的体积流量为

$$s \text{ 向}（从 BCC'B' \text{ 面流出}）：dz \int_0^\delta u_s dn + ds \frac{\partial}{\partial s}\left(dz \int_0^\delta u_s dn\right)；$$

$$z \text{ 向}（从 CDD'C' \text{ 面流出}）：ds \int_0^\delta u_z dn + dz \frac{\partial}{\partial z}\left(ds \int_0^\delta u_z dn\right)。$$

根据质量守恒方程的基本形式，s 向和 z 向的流量增量等于 n 向流入量：

$$ds \frac{\partial}{\partial s}\left(dz \int_0^\delta u_s dn\right) + dz \frac{\partial}{\partial z}\left(ds \int_0^\delta u_z dn\right) = u_n ds dz \qquad (5-15)$$

式(5-15)两边同时除以 $ds dz$：

$$\frac{\partial}{\partial s} \int_0^\delta u_s dn + \frac{\partial}{\partial z} \int_0^\delta u_z dn = \frac{u_n ds dz}{ds dz} \qquad (5-16)$$

式(5-16)右侧的物理意义即是单位时间、单位面积内，气液界面上所产生冷凝液的体积。该体积可用下式计算：

$$\frac{u_n ds dz}{ds dz} = \frac{\lambda_f}{\rho h_{fg}}\left(\frac{\partial T}{\partial n}\right)_{n=\delta} \qquad (5-17)$$

代入式(5-16)，得曲线坐标下的质量守恒方程为

$$\frac{\partial}{\partial s} \int_0^\delta u_s dn + \frac{\partial}{\partial z} \int_0^\delta u_z dn = \frac{\lambda_f}{\rho h_{fg}}\left(\frac{\partial T}{\partial n}\right)_{n=\delta} \qquad (5-18)$$

式中，λ_f 为液体导热系数。

即式(5-18)右侧表示在气液界面上，单位面积、单位时间内蒸气冷凝产生的液体体积。因液膜很薄，根据边界层理论有：$\frac{\partial}{\partial s} \ll \frac{\partial}{\partial n}$、$\frac{\partial}{\partial z} \ll \frac{\partial}{\partial n}$，可以忽略液膜在 s 和 z 两个方向的温度梯度。同时在薄液膜情况下，认为在 n 方向上，液膜内的温度近似为线性分布。根据假设(5)气液界面的温度为蒸气饱和温度 T_{sat}，因此，在气液界面上(即 $n=\delta$)温度梯度可表示为

$$\frac{\partial T}{\partial n} = \frac{T_{sat} - T_w(s, z)}{\delta} \qquad (5-19)$$

式中，$T_w(s, z)$ 为槽表面 DE 上（即 $n = 0$）的温度分布。

将式(5-19)代入式(5-18)可得近似的质量守恒方程：

$$\frac{\partial}{\partial s}\int_0^\delta u_s \mathrm{d}n + \frac{\partial}{\partial z}\int_0^\delta u_z \mathrm{d}n = \frac{\lambda_f}{\rho h_{fg}}\frac{T_{sat} - T_w}{\delta} \tag{5-20}$$

（2）动量守恒方程

动量守恒方程的基本形式为

$$\rho(\boldsymbol{u} \cdot \nabla)\boldsymbol{u} = \rho\boldsymbol{F} - \nabla p + \mu\nabla^2\boldsymbol{u} \tag{5-21}$$

根据动量守恒方程的基本形式可得曲线坐标下的动量守恒方程：

s 向：

$$-\frac{1}{H_1}\frac{\partial p}{\partial s} + \frac{\mu}{H_1}\left[\frac{\partial}{\partial s}\left(\frac{1}{H_1}\frac{\partial u_s}{\partial s}\right) + H_1\frac{\partial^2 u_s}{\partial n^2} + H_1\frac{\partial^2 u_s}{\partial z^2} - \frac{1}{R}\frac{\partial u_s}{\partial n}\right.$$

$$\left. - \frac{u_n}{H_1^2}\frac{\partial}{\partial s}\left(\frac{1}{R}\right) - \frac{2}{H_1 R}\frac{\partial u_n}{\partial s} - \frac{u_s}{H_1 R^2}\right] = 0 \tag{5-22}$$

n 向：

$$-\frac{\partial p}{\partial n} + \frac{\mu}{H_1}\left[\frac{\partial}{\partial s}\left(\frac{1}{H_1}\frac{\partial u_n}{\partial s}\right) + H_1\frac{\partial^2 u_n}{\partial n^2} + H_1\frac{\partial^2 u_n}{\partial z^2} - \frac{1}{R}\frac{\partial u_n}{\partial n}\right.$$

$$\left. + \frac{u_s}{H_1^2}\frac{\partial}{\partial s}\left(\frac{1}{R}\right) + \frac{2}{H_1 R}\frac{\partial u_s}{\partial s} - \frac{u_n}{H_1 R^2}\right] = 0 \tag{5-23}$$

z 向：

$$(\rho - \rho_v)g - \frac{\partial p}{\partial z} + \frac{\mu}{H_1}\left[\frac{\partial}{\partial s}\left(\frac{1}{H_1}\frac{\partial u_z}{\partial s}\right) + H_1\frac{\partial^2 u_z}{\partial n^2} + H_1\frac{\partial^2 u_z}{\partial z^2}\right.$$

$$\left. - \frac{1}{R}\frac{\partial u_z}{\partial n}\right] = 0 \tag{5-24}$$

式中，H_1 为拉梅系数。

s 向和 z 向的剪切力为

$$\tau_s = \mu\frac{\mathrm{d}u_s}{\mathrm{d}n}, \ \tau_z = \mu\frac{\mathrm{d}u_z}{\mathrm{d}n} \tag{5-25}$$

根据基本假设(4)，忽略气液两相之间的黏性剪切力，即 $\tau_s = 0$、$\tau_z = 0$，于是有如下关系式：

$$\frac{\partial u_s}{\partial n} = \frac{\partial u_z}{\partial n} = 0$$

基于液膜很薄的情况，根据边界层理论的基本原理有如下关系：

$$u_n \ll u_s,\ u_n \ll u_z,\ \frac{\partial}{\partial s} \ll \frac{\partial}{\partial n},\ \frac{\partial^2}{\partial s^2} \ll \frac{\partial^2}{\partial n^2},$$

$$\frac{\partial}{\partial z} \ll \frac{\partial}{\partial n},\ \frac{\partial^2}{\partial z^2} \ll \frac{\partial^2}{\partial n^2},\ \frac{\partial^2}{\partial n^2} \ll \frac{\partial}{\partial n} \tag{5-26}$$

将以上关系式应用于动量守恒方程,同时代入拉梅系数,简化后的动量守恒方程为

$$s\ 向:\mu\frac{\partial^2 u_s}{\partial n^2} = \frac{R}{R-n}\frac{\partial p}{\partial s} \tag{5-27}$$

$$n\ 向:\frac{\partial p}{\partial n} = 0 \tag{5-28}$$

$$z\ 向:\mu\frac{\partial^2 u_z}{\partial n^2} = -(\rho - \rho_v)g \tag{5-29}$$

边界条件为

$$当\ n=0\ 时,\ u_s = u_z = 0 \tag{5-30}$$

$$当\ n=\delta\ 时,\ \frac{\partial u_s}{\partial n} = \frac{\partial u_z}{\partial n} = 0 \tag{5-31}$$

(3) 液膜厚度方程

利用式(5-30)、式(5-31),分别对式(5-27)和式(5-29)积分,可得到 u_s 和 u_z:

$$u_s = \frac{R}{\mu}\frac{\partial p}{\partial s}\left(-n\ln\frac{R-n}{R-\delta} + R\ln\frac{R-n}{R} + n\right) \tag{5-32}$$

$$u_z = \frac{g}{\mu}(\rho - \rho_v)\left(\delta n - \frac{n^2}{2}\right) \tag{5-33}$$

将式(5-32)和式(5-33)代入式(5-20)可得液膜厚度方程:

$$\frac{1}{\mu}\frac{\partial}{\partial s}\left\{R\frac{\partial p}{\partial s}\left[\left(-\frac{R^2}{2} + \delta R\right)\ln\frac{R-\delta}{R} + \frac{3}{4}\delta^2 - \frac{\delta R}{2}\right]\right\}$$

$$+\ \frac{(\rho - \rho_v)g}{3\mu}\frac{\partial \delta^3}{\partial z} = \frac{\lambda_f}{\rho h_{fg}}\frac{T_{sat} - T_w}{\delta} \tag{5-34}$$

由于槽关于对称边界 ADO 和 BEC 对称(图5-3),因此,液膜厚度方程

的边界条件为

$$当\ s = 0、s = D\ 时，\frac{\partial \delta}{\partial s} = 0，\frac{\partial^3 \delta}{\partial s^3} = 0 \qquad (5-35)$$

$$当\ z = 0\ 时，\delta = 0 \qquad (5-36)$$

式中，D 为槽表面曲线 DE 的长度。

当 $z = 0$ 时，$\delta = 0$ 是正确的，但是对于求液膜厚度方程是不可行的，因为式(5-34)在 $z = 0$、$\delta = 0$ 时没有意义，但是以微小量 z_0 和与之对应的 δ_0 为边界条件则是可行的。δ_0 可通过经典 Nusselt 解计算：

$$\delta_0 = \left[\frac{4\mu\lambda_f(T_{sat} - T_{w00})z_0}{\rho(\rho - \rho_v)gh_{fg}}\right]^{1/4} \qquad (5-37)$$

式中，$T_{w00} = T_w(0, z_0) \approx T_w(0, 0)$。

式(5-28)表明，液膜内部的压力 p 在 n 方向为常数，即 p 与 n 无关，因此可以用液膜的表面压力表示内部压力，而液膜的表面压力又可用饱和蒸气压 p_{sat}、表面张力 γ 和气液界面曲率半径 R_i 表示：

$$p = p_{sat} - \frac{\gamma}{R_i} \qquad (5-38)$$

式中，R_i 为气液界面的曲率半径，计算公式为

$$R_i = \frac{1}{\kappa_i} = \frac{(1 + f_i'^2)^{3/2}}{f_i''} \qquad (5-39)$$

式中，κ_i 为气液界面的曲率。

与 R 类似，作以下规定：

当气液界面是"凹"的时，$R_i > 0$；

当气液界面是"凸"的时，$R_i < 0$。

假设表面张力 γ 为常数，式(5-38)对 s 求导可得液膜厚度方程式(5-34)中 s 向压力梯度的计算式：

$$\frac{dp}{ds} = -\gamma \frac{d}{ds}\left(\frac{1}{R_i}\right) \qquad (5-40)$$

（4）液膜厚度方程的无量纲化处理

为了方便求解，需要对方程进行无量纲处理。分别以曲线 DE（图 5-2）的长度 D、液膜厚度 δ_r 和槽垂直方向的长度 L 为 s、n 和 z 方向的特征长度。

δ_r 与 δ_0 相同,也用经典 Nussele 解计算:

$$\delta_r = \left[\frac{4\mu\lambda_f(T_{sat} - T_{w00})L}{\rho(\rho - \rho_v)gh_{fg}}\right]^{1/4} \tag{5-41}$$

以下面的无量纲参数对液膜厚度方程式(5-34)及其边界条件[式(5-35)、式(5-36)]进行无量纲化处理:

$$\Delta = \frac{\delta}{\delta_r}; \ S = \frac{s}{D}; \ Z = \frac{z}{L}; \ R_n = \frac{R_i}{D}; \ D_3 = \frac{\delta_r}{D};$$

$$R_c = \frac{R}{D}; \ F = -\frac{d}{ds}\left(\frac{1}{R_n}\right) = -D^2\frac{d}{ds}\left(\frac{1}{R_i}\right)$$

经过无量纲化处理,液膜厚度方程及其边界条件可转化为

$$D_1\frac{\partial H}{\partial S} + \frac{\partial\Delta^3}{\partial Z} = \frac{3D_2}{4\Delta} \tag{5-42}$$

当 $S = 0$、$S = 1$ 时,$\dfrac{\partial\Delta}{\partial S} = 0$、$\dfrac{\partial^3\Delta}{\partial S^3} = 0$ $\tag{5-43}$

当 $Z = Z_0$(S 取任意值)时,$\Delta(S, Z_0) = Z_0^{1/4}$ $\tag{5-44}$

式中,$D_1 = \dfrac{3\gamma L}{(\rho - \rho_v)gD\delta_r^2}$; $D_2 = \dfrac{T_{sat} - T_w}{T_{sat} - T_{w00}}$; $H = FR_c\Big[\Big(-\dfrac{R_c^2}{2D_3} +$ $R_c\Delta\Big)\ln\Big(1 - \dfrac{\Delta D_3}{R_c}\Big) + \dfrac{3}{4}\Delta^2 D_3 - \dfrac{1}{2}R_c\Delta\Big]$; $Z_0 = z_0/L$。

量纲为 1 量 H 的计算需要注意,当槽表面曲线 $f(x)$ 的曲率半径 R 趋于无穷大时,R_c 也趋于无穷大,此时 H 值便无法计算。一般有两种情况会使曲率半径 R 趋于无穷大:

① 槽表面曲线 $f(x)$ 上某一段为直线,如矩形槽和 V 形槽;

② 槽表面曲线 $f(x)$ 上的拐点,也就是曲线上凹弧与凸弧的分界点。

为了使计算在 R 趋于无穷大的情况下能够正常进行,需要求出 H 在 R_c 趋于无穷大时的极限:

$$\lim_{R_c\to\infty}H = \lim_{R_c\to\infty}\left\{FR_c\Big[\Big(-\frac{R_c^2}{2D_3} + R_c\Delta\Big)\ln\Big(1 - \frac{\Delta D_3}{R_c}\Big)\right.$$
$$\left. + \frac{3}{4}\Delta^2 D_3 - \frac{1}{2}R_c\Delta\Big]\right\} = -\frac{1}{3}D_3^2 F\Delta^3 \tag{5-45}$$

4. 二维导热方程

液膜厚度方程的求解需要确定 T_w 的值。通过建立竖壁和液膜内部的二维导热方程,计算温度场,便可以确定 T_w。 如图 5-3 所示,在区域 $OABCO$ 内建立二维导热方程:

$$\lambda \left(\frac{\partial^2 T}{\partial x^2} + \frac{\partial^2 T}{\partial y^2} \right) = 0 \tag{5-46}$$

式中,λ 为导热系数。

边界条件为

$$当\ x=0,\ x=p/2\ 时,\ \frac{\partial T}{\partial x}=0 \tag{5-47}$$

$$在气液界面\ AB\ 上,\ T=T_{sat} \tag{5-48}$$

$$在冷却面\ OC\ 上,\ T=T_c \tag{5-49}$$

5.2.2 模型验证及讨论

为了验证理论分析的可靠性、了解槽表面冷凝液的流动和传热特性,下面用上述理论对具体的槽形进行冷凝传热计算,并对计算结果进行分析,以便更深入地了解液膜内速度场、温度场和液膜厚度分布的特点以及槽形竖壁强化冷凝传热的特性。

计算示例选文献中的余弦形纵槽管(代号为"tube F"),图 5-5 为该纵槽管样品及除液盘照片。管子的材料为铝,实验介质为 R-113。管内表面光滑,外表面均匀加工了 48 个纵向余弦形槽,管内径为 0.229 m,有效长度为 1.168 m。以 tube F-1、tube F-3 和 tube F-7 的冷凝传热实验为例进行计算与对比。tube F-1、tube F-3 和 tube F-7 分别代表在管外表面沿纵向均匀设置了 1 个、3 个、7 个除液盘,因此,管子的有效长度被均分为 2、7、8 段,每一段的有效冷凝长度分别为 0.582 m、0.29 m、0.143 m,槽的横截面尺寸如图 5-6 所示。

实验介质和管子的相关参数如下:

$\rho = 1\ 498\ kg/m^3$ $\qquad\qquad$ $\rho_v = 8.586\ kg/m^3$

$\mu = 4.8 \times 10^{-4}\ Pa \cdot s$ $\qquad$ $\gamma = 0.014\ 3\ N/m$

$h_{fg} = 145\ 226\ J/kg$

图 5-5　tube F 样品及除液盘照片

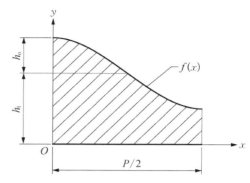

图 5-6　余弦形槽横截面示意

$\lambda_{\mathrm{f}} = 0.069\ 5\ \mathrm{W/(m \cdot K)}$　　$\lambda_{\mathrm{w}} = 205\ \mathrm{W/(m \cdot K)}$（铝导热系数）

$T_{\mathrm{sat}} = 325.5\ \mathrm{K}$　　　　　$T_{\mathrm{c}} = 318.65\ \mathrm{K}$

$T_{\mathrm{w00}} = 318.65\ \mathrm{K}$

$L = 143\ \mathrm{mm}$　　　　　　$P = 1.614\ \mathrm{mm}$

$h_{\mathrm{t}} = 0.881\ \mathrm{mm}$　　　　　$h_0 = 0.155\ 4\ \mathrm{mm}$

　　P、h_{t} 和 h_0 为槽表面曲线方程 $y = f(x)$ 的参数（图 5-6）。槽形为余弦形，其方程为

$$f(x) = h_{\mathrm{t}} + h_0 \cos\left(\frac{2\pi x}{P}\right) \tag{5-50}$$

　　计算过程中，槽表面曲线 DE 平均分为 20 等份，槽垂直方向平均分为 2×10^5 等份，S 方向和 Z 方向的步长分别为 $\delta S = 0.05$，$\delta Z = 5 \times 10^{-6}$。差分形式量纲为 1 液膜厚度方程式（5-50）从 $Z = Z_0 = 5 \times 10^{-6}$ 开始计算，在 S 方向采用中心差分，对应于 $\beta = 0.5$，松弛因子 $\omega = 0.05$。式（5-50）迭代的收敛标准为

$$\left| 1 - (\Delta_{i, k})^{m-1}/(\Delta_{i, k})^m \right| < 1 \times 10^{-6} \tag{5-51}$$

用 MATLAB 语言编程对液膜厚度方程和热传导方程进行求解。

对于 $z > 14.8$ mm 的槽表面的冷凝,不再进行计算。主要是由于在建立液膜厚度方程时运用了边界层理论,这对于槽的上部是适用的,因为此时槽峰和槽谷表面的液膜都很薄,但随着 z 的增长槽谷内的液膜逐渐增厚,当槽谷液膜达到一定厚度时边界层理论便不再适用了,式(5-50)的收敛变慢。

通过程序计算得到了传热量 Q 与 z 的关系,图 5-7 所示为对数坐标下传热量 Q 与 z 的关系曲线。图中实线为计算得到的曲线,实线的范围为 $z = 0 \sim 14.8$ mm。对于 $z > 14.8$ mm 的曲线采用外推法,由实线外推延长获得(图 5-7 中的虚线部分)。图 5-7 中圆点为文献中的实验值,即实验值与外推值吻合较好,经计算三个实验值与外推值的偏差分别为 1%、21.8% 和 29.4%(对应的 z 值分别为 0.143 mm、0.29 mm、0.582 mm),证明槽形竖壁表面膜状冷凝理论模型是可靠的。

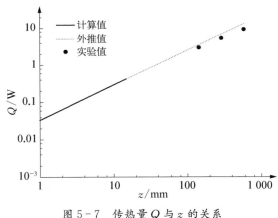

图 5-7　传热量 Q 与 z 的关系

1. 液膜厚度分布规律

图 5-8 和图 5-9 分别为不同 z 值时的液膜轮廓和液膜厚度沿槽表面的变化,从图中可以看出:当 z 值较小(如 $z = 0.1$ mm)时,液膜很薄且厚度比较均匀;随着 z 值增大,槽谷内的液膜逐渐增厚,而槽峰表面的液膜厚度基本不变;当 $S > 0.4$ 时,液膜厚度沿 S 向增长较快,在 $S = 1$ 时达到最大值,但是当 $S < 0.4$ 时,液膜始终保持较薄并且在 S 方向和 Z 方向变化不大。因此,槽形表面可以使液膜呈不均匀分布,槽峰表面的液膜保持较薄的状态。

图 5-10 为不同 z 值时,$\dfrac{\mathrm{d}(1/R_i)}{\mathrm{d}s}$ 沿槽表面的变化。由图可见,当 $S = 0$

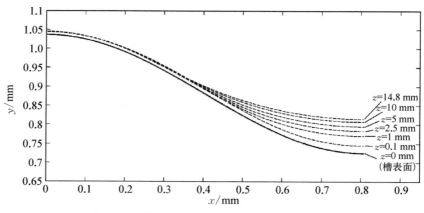

图 5-8 槽表面和不同 z 值时液膜轮廓的变化

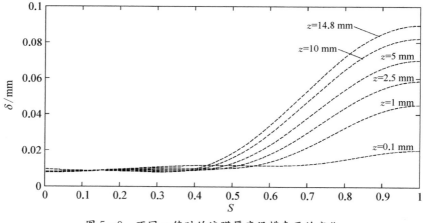

图 5-9 不同 z 值时的液膜厚度沿槽表面的变化

和 1 时，$\dfrac{\mathrm{d}(1/R_i)}{\mathrm{d}s}=0$，这是因为 $S=0$ 和 1 为对称边界，液膜在此两点对称；随着 z 不断增大，在槽谷区，$\dfrac{\mathrm{d}(1/R_i)}{\mathrm{d}s}$ 逐渐减小并趋于 0，这表明气液界面的曲率趋于常数，结合图 5-8 可以推断槽谷区气液界面近似为圆弧形，而且随着 z 增大，圆弧区也在增大。

2. 汽液界面速度场分布规律

图 5-11 为 $z=0.001\,429 \sim 0.644\,4$ mm、$z=5 \sim 5.642\,8$ mm、$z=10 \sim 10.644\,2$ mm 和 $z=14.085\,3 \sim 14.728\,3$ mm 时冷凝液在气液界面上的速度

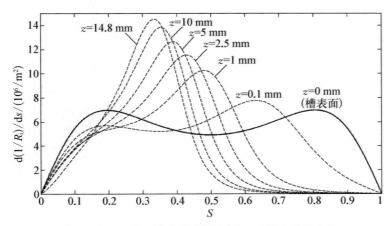

图 5-10　不同 z 值时的 $\mathrm{d}(1/R_\mathrm{i})/\mathrm{d}s$ 沿槽表面的变化

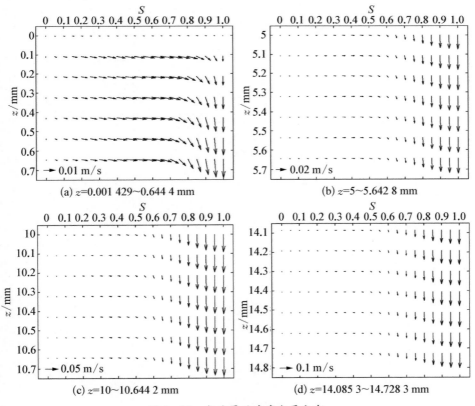

图 5-11　气液界面速度矢量分布

矢量分布。从图中可以看出,槽峰区的冷凝液以横向流动为主;槽谷区冷凝液则以纵向流动为主;随着 z 的增大,槽峰横向流的区域逐渐减小,槽谷纵向流的区域逐渐扩大。

为了更深入了解气液界面的速度分布,需要作出速度与 S 的关系曲线,图 5-12、图 5-13 及图 5-14 分别为 u_s、u_z 以及 u_s/u_z 与 S 的关系曲线。由图可知,随着 S 的增大,u_s 由 0 逐渐增大,在 $S=0.5$ 附近达到最大值,然后逐渐减小至 0;u_z 在 $S<0.5$ 时始终保持较小值,当 $S>0.5$ 时 u_z 增长较快,并在 $S=1$ 时达到最大值;z 值较大时,u_s/u_z 在槽峰区的大部分区域大于 1,而在槽谷区小于 1 甚至趋于 0。因此,冷凝液在槽峰区以横向流动为主,而在槽谷区则以纵向流动为主。

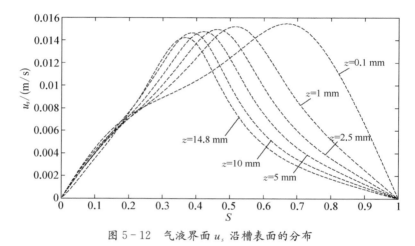

图 5-12 气液界面 u_s 沿槽表面的分布

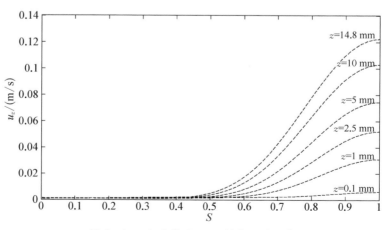

图 5-13 气液界面 u_z 沿槽表面的分布

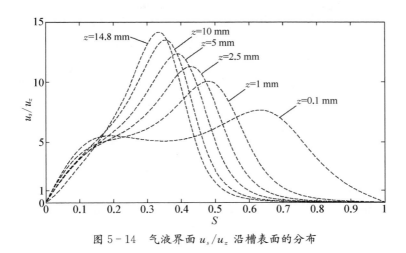

图 5 - 14　气液界面 u_s/u_z 沿槽表面的分布

利用动量守恒方程可以很好地解释冷凝液的流场分布。动量守恒方程式 (5 - 27) 和式(5 - 29)中，$\dfrac{\partial p}{\partial s}$ 和 $(\rho-\rho_v)g$ 都表示单位体积流体所受到的外力，前者是由表面张力引起的，是冷凝液横向流动的驱动力；后者是由重力引起的，可以驱使冷凝液产生纵向流动。对于液膜内任意点，为了考察是表面张力还是重力占主导需要确定一个量，$\dfrac{\partial p}{\partial s}$ 和 $(\rho-\rho_v)g$ 比值的绝对值是比较合适的量，令这个量为 R_{tw}，利用式(5 - 40)可得：

$$R_{tw} = \left| \frac{\partial p}{\partial s} \Big/ \left[(\rho-\rho_v)g\right] \right| = \left[\gamma \frac{d}{ds}\left(\frac{1}{R_i}\right) \right] \Big/ \left[(\rho-\rho_v)g\right] \qquad (5-52)$$

$R_{tw}=1$ 表示表面张力和重力相等；$R_{tw}<1$ 表示重力大于表面张力；$R_{tw}>1$ 则表示表面张力大于重力。

图 5 - 15 为不同 z 值时的 R_{tw} 沿槽表面的变化。由图可见，在槽峰区的大部分区域 $R_{tw}>1$；而在槽谷区 $R_{tw}<1$，并且随着 S 逐渐接近 1，R_{tw} 迅速减小并接近于 0。以上现象说明，槽峰区冷凝液所受表面张力占优势，槽谷区冷凝液所受重力占优势。

3. 槽表面温度场分布规律

图 5 - 16 为槽表面温度 T_w 分布。由于竖壁及液膜厚度的不均匀，槽表面的温度分布也极其不均匀。在槽峰区由于液膜较薄、竖壁较厚，因此槽表面的温度较高；而在槽谷区液膜较厚、竖壁较薄，因此槽表面的温度较低。$z=14.8$ mm 时的温度分布明显比 $z=0.1$ mm 时更加不均匀，因此，随着 z 的增

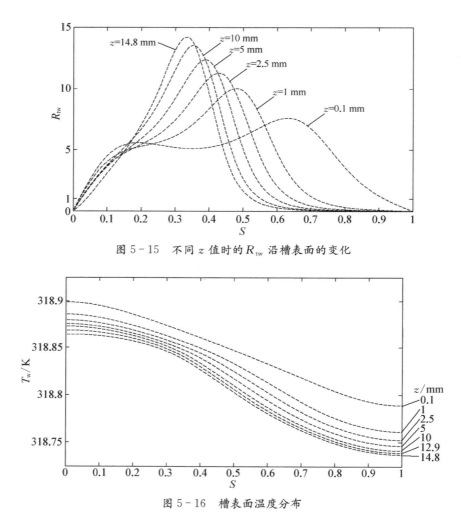

图 5-15　不同 z 值时的 R_{tw} 沿槽表面的变化

图 5-16　槽表面温度分布

长,液膜厚度增大,温度横向分布的不均匀程度增加。

温度分布并不能直接反映槽表面的热流密度分布,根据傅立叶定律,槽表面垂直方向上的热流密度与当时垂直于槽表面的温度变化率成正比。因此,垂直于槽表面的温度变化率能够反映槽表面的热流密度大小。温度变化率用液膜在槽表面处的温度梯度表示,图 5-17 为液膜在槽表面的温度梯度分布。由图 5-17 可见,在槽峰区的温度梯度明显比槽谷区大,而且槽峰区的温度梯度随 z 的增长变化不大,虽然槽谷区的壁厚较薄,但是槽谷的液膜较厚,从而增加了热阻,阻碍了槽谷区的传热,使温度梯度较小。因此,可以确定主要的传热区域在液膜较薄的槽峰区。

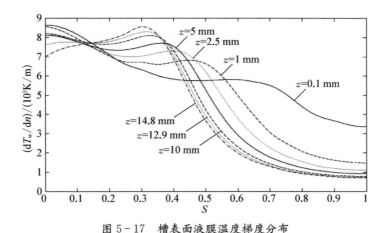

图 5-17　槽表面液膜温度梯度分布

5.3　纵槽管表面膜状冷凝分区模型传热分析

5.3.1　纵槽管表面膜状冷凝分区模型理论

1. 分区物理模型

建立模型之前首先要进行合理的假设，以便简化模型。根据上一节的分析可知，在槽的上部，槽峰区冷凝液以横向流动为主，槽谷区冷凝液以纵向流动为主，槽谷区的汽液界面近似为圆弧形。引用 5.2.2 节的结论以简化模型，根据冷凝液的流场分布，将液膜分成两个区：以横向流动为主的槽峰区称为Ⅰ区，以纵向流动为主的槽谷区称为Ⅱ区。5.2.2 节假设中的(1)～(7)条对本章同样适用，除此以外增加以下假设：

（1）Ⅰ区蒸气-冷凝液界面的垂直方向曲率远小于横向曲率，忽略垂直方向曲率变化；

（2）Ⅰ区冷凝液只有横向流动，Ⅱ区冷凝液只有垂直方向流动；

（3）Ⅱ区受表面张力的影响，汽液界面近似为圆弧形。

进行理论分析之前应建立正确的坐标系统。分析中使用两种坐标系：正交曲面坐标系

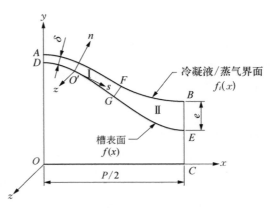

图 5-18　槽横截面及坐标系统

和笛卡尔直角坐标系。如图 5-18 所示,取槽的一半作为研究对象,DGE 为槽的表面;AFB 为冷凝液和蒸气的界面(简称"气液界面");OC 为冷却面,温度恒定为 T_c;ADO 和 BEC 为对称边界。$Oxyz$ 为笛卡尔直角坐标系;在槽的表面建立正交曲线坐标系 $O'snz$,s、n 分别为槽的切向和法向,z 为重力方向(槽的纵向)。

根据前面的假设,液膜可以分成两个区域:Ⅰ区($ADGFA$)和Ⅱ区($FGEBF$)。Ⅰ区液膜较薄,以横向流动为主;Ⅱ区液膜较厚,以垂直方向流动为主;两个区域的汽液界面在 F 点光滑连接。

2. Ⅰ区液膜厚度

在这个区域液膜很薄,因此,上一章所建立的质量守恒方程和动量守恒方程可适用于Ⅰ区。根据前述增加的假设(2),忽略质量守恒方程式(5-18)中含有 u_z 的项,忽略 z 向动量方程式(5-29),Ⅰ区基本方程为

质量守恒方程为

$$\frac{\partial}{\partial s}\int_0^\delta u_s \mathrm{d}n = \frac{\lambda_f}{\rho h_{fg}}\frac{T_{sat}-T_w}{\delta} \tag{5-53}$$

动量守恒方程为

$$s\text{ 向}:\mu\frac{\partial^2 u_s}{\partial n^2}=\frac{R}{R-n}\frac{\partial p}{\partial s} \tag{5-54}$$

$$n\text{ 向}:\frac{\partial p}{\partial n}=0 \tag{5-55}$$

边界条件为

$$\text{当 } n=0 \text{ 时},u_s=0 \tag{5-56}$$

$$\text{当 } n=\delta \text{ 时},\frac{\partial u_s}{\partial n}=0 \tag{5-57}$$

因为液膜很薄,所以 $n \ll R$,由此可以认为 $\dfrac{R}{R-n} \to 1$,式(5-54)转化为

$$\mu\frac{\partial^2 u_s}{\partial n^2}=\frac{\partial p}{\partial s} \tag{5-58}$$

对式(5-58)积分后代入质量守恒方程式(5-53),可得

$$-\frac{1}{3\mu}\frac{\partial}{\partial s}\left(\delta^3\frac{dP}{ds}\right)=\frac{\lambda_f}{\rho h_{fg}}\frac{T_{sat}-T_w}{\delta} \tag{5-59}$$

式中的 $\dfrac{dP}{ds}$ 采用与上一章相同的处理方法,即 $\dfrac{dP}{ds}=-\gamma\dfrac{d}{ds}\left(\dfrac{1}{R_i}\right)$,代入式(5-59)得

$$\frac{\gamma}{3\mu}\frac{\partial}{\partial s}\left[\delta^3\frac{d}{ds}\left(\frac{1}{R_i}\right)\right]=\frac{\lambda_f}{\rho h_{fg}}\frac{T_{sat}-T_w}{\delta} \tag{5-60}$$

关于汽液界面的曲率 $\dfrac{1}{R_i}$ 的计算,有的文献用槽表面的曲率代替 $\dfrac{1}{R_i}$,这样就会出现两种问题:

(1) 表面张力是由液膜表面的曲率差异引起的,槽表面与液膜表面的形状是不同的,用槽表面的曲率代替液膜表面的曲率必然会引起误差;

(2) 对于 V 形、矩形等形状的槽,由于槽表面曲率为常数,于是 $\dfrac{d}{ds}\left(\dfrac{1}{R_i}\right)=0$,那么式(5-60)便没有任何意义。

因此,用槽表面曲率代替液膜表面曲率是不合适的。这里采用文献中的方法计算 $\dfrac{1}{R_i}$:

$$\frac{1}{R_i}\approx\frac{d^2\delta/ds^2}{(1+(d\delta/ds)^2)^{3/2}} \tag{5-61}$$

代入式(5-60)可得 I 区液膜厚度方程为

$$\frac{\gamma}{3\mu}\frac{d}{ds}\left[\delta^3\frac{d}{ds}\left(\frac{d^2\delta/ds^2}{(1+(d\delta/ds)^2)^{3/2}}\right)\right]=\frac{\lambda_f}{\rho h_{fg}}\frac{T_{sat}-T_w}{\delta} \tag{5-62}$$

边界条件为

$$当 s=0 \text{ 时}, \delta=\delta_0, \frac{\partial\delta}{\partial s}=0, \frac{\partial^3\delta}{\partial s^3}=0 \tag{5-63}$$

$$当 s=s_G \text{ 时}, k=k_F \tag{5-64}$$

边界条件中,k_F 为 Oxy 坐标系内汽液界面在 F 点的斜率。

3. II 区速度场

在这个区域液膜较厚,根据 5.3.1 节增加的假设(2),II 区液体只有垂直方

向的流动,那么动量方程为

$$\frac{\partial^2 u_z}{\partial x^2} + \frac{\partial^2 u_z}{\partial y^2} + (\rho - \rho_v)\frac{g}{\mu} = 0 \tag{5-65}$$

边界条件为

$$在 FG 和 GE 上,u_z = 0 \tag{5-66}$$

$$在 BE 上,\frac{\partial u_z}{\partial x} = 0 \tag{5-67}$$

$$在 FB 上,\frac{\partial u_z}{\partial n} = 0 \tag{5-68}$$

通过求解动量方程得到速度分布,进而可计算出Ⅱ区内的冷凝液流量。

4. 二维温度场

根据假设(6),只考虑在液膜和竖壁横截面内的二维导热。因此导热方程为

$$\lambda\left[\frac{\partial^2 T}{\partial x^2} + \frac{\partial^2 T}{\partial y^2}\right] = 0 \tag{5-69}$$

边界条件为

$$x = 0,x = P/2 \text{ 时},\frac{\partial T}{\partial x} = 0 \tag{5-70}$$

$$在汽液界面 AFB 上,T = T_{sat} \tag{5-71}$$

$$在冷却面 OC 上,T = T_c \tag{5-72}$$

求解导热方程得到二维温度场,利用温度场可计算槽表面的温度梯度。

5.3.2 分区模型法传热计算

1. 液膜厚度、速度场及温度场的数值求解

液膜厚度采用 Runge-Kutta 法进行求解。将液膜厚度方程(5-62)写为如下形式:

$$\frac{d}{ds}\left[\delta^3\frac{d}{ds}\left(\frac{d^2\delta/ds^2}{(1+(d\delta/ds)^2)^{3/2}}\right)\right] = \frac{3\mu\lambda_f(T_{sat}-T_{w00})}{\gamma\rho h_{fg}}\frac{T_{sat}-T_w}{T_{sat}-T_{w00}}\frac{1}{\delta} \tag{5-73}$$

令

$$D_2 = \frac{T_{sat} - T_w}{T_{sat} - T_{w00}}, \ D_4 = \frac{3\mu\lambda_f(T_{sat} - T_{w00})}{\gamma\rho h_{fg}}$$

代入式(5-73)得

$$\frac{\mathrm{d}}{\mathrm{d}s}\left[\delta^3 \frac{\mathrm{d}}{\mathrm{d}s}\left(\frac{\mathrm{d}^2\delta/\mathrm{d}s^2}{(1+(\mathrm{d}\delta/\mathrm{d}s)^2)^{3/2}}\right)\right] = D_2 D_4 \frac{1}{\delta} \tag{5-74}$$

式(5-74)为四阶微分方程,可以先化为一阶微分方程组,然后用 Runge-Kutta 法求解。

$$令\ u_1 = \delta,\ u_2 = \delta',\ u_3 = \delta'',\ u_4 = \delta^{(3)}$$

则式(5-74)化为

$$\begin{cases} u_1' = u_2 \\ u_2' = u_3 \\ u_3' = u_4 \\ u_4' = [D_2 D_4 \dfrac{(1+u_2^2)^{7/2}}{u_1^3} - 3u_2^5 u_4 - 3u_2 u_4(1-3u_1 u_3) \\ \qquad - 3u_2^3 u_4(2-3u_1 u_3) + 3u_1 u_3^3 + 9u_2^4 u_3^2 \\ \qquad - u_2^2(12u_1 u_3^3 - 9u_3^2)]/[u_1(1+u_2^4 + 2u_2^2)] \end{cases} \tag{5-75}$$

边界条件为

$$当\ s=0\ 时,\ u_1 = \delta_0,\ u_2 = 0,\ u_3 = \delta_0'',\ u_4 = 0 \tag{5-76}$$

方程组(5-75)及其边界条件(5-76)即可用 Runge-Kutta 法求解。

Ⅱ区动量方程(5-65)及导热方程(5-69)用 MATLAB 偏微分方程数值解工具箱提供的有限元程序解方程。

2. 计算程序

(1) 首先,假设槽表面 DGE 的温度分布为 $T_w(s)$,对于一个给定 G 点的 s 坐标 s_G,用 Runge-Kutta 法求解Ⅰ区液膜厚度方程及边界条件,利用结果计算出气液界面在 F 点的斜率 k_F'。 修正 δ_0 的值,直到 k_F' 满足 $|1-k_F'/k_F| < 5\times 10^{-4}$ 为止。 至此,Ⅰ区汽液界面 AF 已经确定。

边界条件中的 k_F 可以根据前述增加的假设(3)来确定,方法如下。 如图 5-19 所示,在Ⅰ区和Ⅱ区分界点的上游合适的位置取一点 G_1,过 G_1 作

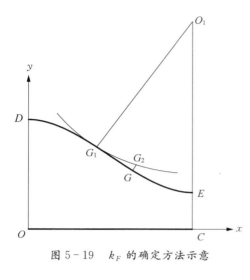

图 5-19 k_F 的确定方法示意

DGE 的法线与 CE 交于 O_1 点,再以 O_1 为圆心过 G_1 点作圆,过 G 点做 DGE 的法线与圆 O_1 交于点 G_2,圆 O_1 在点 G_2 的斜率即为 k_F。 事实上,GG_1G_2 是 I 区和 II 区之间十分小的一个过渡区域,因为按照基本假设(10),II 区受表面张力的影响气液界面近似为圆弧形,而且 I 区的液膜厚度相对较薄,所以作圆 O_1 时可忽略 I 区液膜厚度的影响,让圆与槽表面相切于 G_1 点,则在 G_2 点的圆弧可近似为气液界面在 I 区和 II 区之间的过渡段,由此,圆 O_1 在点 G_2 的斜率即为 k_F。

(2) II 区气液界面近似为圆弧形,并与 I 区汽液界面光滑连接。 由此可知:II 区汽液界面在 F 点的斜率为 k_F。 由于液膜界面是关于 BEC 对称的,II 区气液界面的圆心必定在 EB 的延长线上。 根据以上条件便可以确定 II 区汽液界面 FB。

(3) 根据已确定的气液界面 AFB,用有限元法解二维导热方程(5-69)及其边界条件,计算出槽表面 DGE 的温度分布 $T'_w(s)$,令 $T_w(s) = T'_w(s)$,重复(1)~(2),直到满足 $|1 - T'_w(s)/T_w(s)| < 1 \times 10^{-5}$ 为止。

(4) 根据(3)得出的液膜内温度分布,计算液膜在槽表面 DGE 的温度梯度 $\dfrac{\partial T_f(s)}{\partial n}$。 因此,$z$ 方向上单位长度的传热量为

$$\dot{Q}(z) = \int_0^D \lambda_f \frac{\partial T_f(s)}{\partial n} \mathrm{d}s \tag{5-77}$$

式中,D 为曲线 DGE 的长度。

(5) 用有限元法解 II 区基本方程(5-65)及边界条件,可得到 u_z 分布,进而计算出 II 区内的质量流量 M:

$$M = \iint\limits_{S_{II}} \rho u_z \mathrm{d}S \tag{5-78}$$

式中,S_{II} 为 II 区的面积。

(6) 改变 s_G 的值,重复(1)~(5)步骤,就得到一系列质量流量 M 值和与

之对应的 s_G 和 $\dot{Q}(z)$ 的值。

（7）槽长度为 z 时的传热量 $Q(z)$ 为

$$Q(z) = h_{fg}M = \int_0^z \dot{Q}(z)\mathrm{d}z \qquad (5-79)$$

上式对 G 点的 s 坐标微分：

$$\frac{\mathrm{d}z}{\mathrm{d}s_G} = \frac{1}{\dot{Q}(z)}\frac{\mathrm{d}Q(z)}{\mathrm{d}s_G} \qquad (5-80)$$

边界条件为

$$s_G = s_{G0} \text{ 时}, z = z_0, Q = Q_0 \qquad (5-81)$$

用四阶 Runge-Kutta 法求解方程(5-80)及边界条件式(5-81)即得到一组对应的传热量 Q 和 z 的数据，然后通过拟合即得到 Q 和 z 的关系式。

边界条件(5-81)中的 z_0 是解方程(5-80)的关键，z_0 是得到的一系列 z 中的最小值，对于 $z < z_0$ 的区域液膜较薄，可用由上一节的理论进行计算，但是由于计算量相当大，而且计算过程十分复杂，为了避免大量的计算，因此采用如下方法确定 z_0：

根据 Nusselt 蒸气层流膜状凝结理论，传热系数的表达式为

$$h = 0.943\left[\frac{gh_{fg}\lambda_f^3\rho(\rho-\rho_v)}{\mu(T_{sat}-T_w)z}\right]^{\frac{1}{4}} \qquad (5-82)$$

式中，z 为垂直壁面的高度。

因此，通过高度为 z 的壁面的传热量为

$$Q = 0.943\left[\frac{gh_{fg}\lambda_f^3\rho(\rho-\rho_v)(T_{sat}-T_w)^3}{\mu}\right]^{\frac{1}{4}} \cdot z^{\frac{3}{4}} \qquad (5-83)$$

式中，$0.943\left[\dfrac{gh_{fg}\lambda_f^3\rho(\rho-\rho_v)(T_{sat}-T_w)^3}{\mu}\right]^{\frac{1}{4}}$ 为一常数，因此，Q 和 z 的关系可以表示为如下形式

$$Q = a \cdot z^b \qquad (5-84)$$

式中，a 和 b 均为常数。

类比于蒸气层流膜状凝结 Nusselt 解，Q 和 z 的关系也可表示为 $Q = a \cdot z^b$。如果任意给定一个 z_0 值，则可能得到 $Q = a \cdot z^b + c$。为了使 $c = 0$，修正整 z_0 的值，解方程式(5-80)进行求解，直到满足 $c < 1 \times 10^{-5}$ 为止。

（8）根据（2）计算出的Ⅱ区汽液界面可得到液膜的最大厚度 e（图 5 - 18 中 BE 的长度）。由前面的计算可知，e 和Ⅱ区质量流量 M 有一一对应的关系。根据（6）的计算可知，M 和 z 也有对应的关系。因此，通过回归便可建立 e 和 z 的关系式。

槽形竖壁表面冷凝求解流程如图 5 - 20 所示。

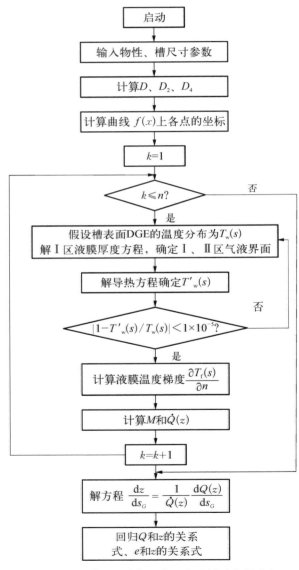

图 5 - 20 槽形竖壁表面冷凝分区模型求解流程

5.3.3　分区模型理论验证及分析

为了验证上述分析方法的可靠性,以文献中的余弦形纵槽管(tube F、tube F-1、tube F-3 和 tube F-7)为例,分别用本书中的分析方法计算蒸气与管子内表面温差($\Delta T = T_{sat} - T_c$)为 1 K、2 K、3 K、4 K、6 K、8 K、10 K、12 K 时纵槽管的总传热量 Q_t,并与文献中的实验值作对比。

tube F、tube F-1、tube F-3 和 tube F-7 为同一种纵槽管,区别在于 tube F-1、tube F-3 和 tube F-7 表示在管子有效长度上沿轴向分别均匀设置了 1 个、3 个和 7 个除液盘,tube F 未设置除液盘。tube F 纵槽管样品及除液盘见图 5-5。除液盘的作用是排去管表面由上流下的冷凝液,使每一段槽表面的液膜都不至于过厚,以提高冷凝传热性能,其原理如图 5-21 所示。

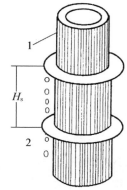

纵槽管和实验介质的相关参数见 5.2.3,纵槽管的有效长度为 1.168 m。表 5-1 为 tube F、tube F-1、tube F-3 和 tube F-7 的除液盘间距 H_s,其中 tube F 对应的 H_s 值为纵槽管有效长度。

图 5-21　除液盘示意
1—纵槽管　2—除液盘

表 5-1　除液盘间距

代　　号	tube F	tube F-1	tube F-3	tube F-7
除液盘间距 H_s/m	1.168	0.583	0.29	0.143

1. 最大有效长度

一般情况下Ⅱ区应为图 5-19 中所示 $FGEB$ 围成的区域。随着 z 的增大,Ⅱ区逐渐扩大,当Ⅰ区和Ⅱ区的分界线 GF 逐渐向槽峰移动,当 GF 与 AD 重合时,Ⅰ区消失,Ⅱ区占满槽道,槽内充满冷凝液,此时 z 值即为槽的最大有效长度。图 5-22 为最大有效长度与温差 ΔT 的关系曲线。由图所示,最大有效长度随 ΔT 的增大而减小;当 ΔT 较小时,最大有效长度受其影响较大,随 ΔT 增大迅速减小;当 ΔT 较大时,最大有效长度受其影响较小,随 ΔT 增大变化不大。

2. 分区模型理论可靠性验证

本书所研究的槽有效长度(或 H_s 值)小于最大有效长度,因此,如果槽的有效长度(或 H_s 值)大于最大有效长度,则对于超出最大有效长度的部

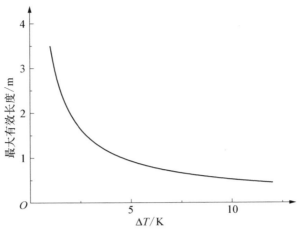

图 5-22 最大有效长度与温差 ΔT 的关系

分槽则无法用本书的方法分析。由于实验温差最大值为 20.8 K,有可能使管子的有效长度(或 H_s 值)大于最大有效长度,因此,首先需要确定计算范围。

表 5-2 为 $\Delta T = 3$ K、8 K 和 12 K 时所对应的最大有效长度。由图 5-22 可知,最大有效长度随温差的增大而减小,当 tube F 和 tube F-1 的实验温差分别增长至 3 K 和 8 K 时,最大有效长度逐渐减小并接近表 5-2 中 tube F 和 tube F-1 的 H_s 值,因此,对于 tube F 和 tube F-1,不再计算温差分别大于 3 K 和 8 K 时的总传热量 Q_t。 tube F-3 和 tube F-7 的最大实验温差分别为 11.9 K 和 10.6 K,而且两者的 H_s 值均未超过温差为 12 K 时的最大有效长度,因此,对于 tube F-3 和 tube F-7 最大温差可计算到 12 K。

表 5-2 温差和对应的最大有效长度

温差 ΔT/K	3	8	12
最大有效长度/m	1.413	0.63	0.45

图 5-23~图 5-26 分别为 tube F、tube F-1、tube F-3 和 tube F-7 总传热量 Q_t 计算值与实验值的对比。

(1)当温差较小时,此时槽的有效长度(无除液盘时)或除液盘间距 H_s 小于最大有效长度,计算值与实验值吻合较好,最大偏差为 20%,大部分数据偏差在 10% 以内。因此,当槽的有效长度(无除液盘时)或除液盘的间距小于最大有效长度时,槽形竖壁表面膜状冷凝分区模型理论是可靠的。

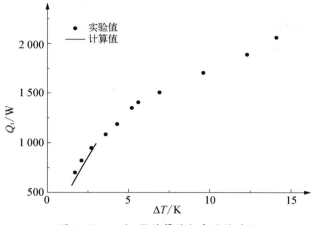

图 5 - 23　tube F 计算值与实验值对比

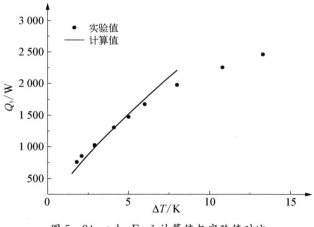

图 5 - 24　tube F - 1 计算值与实验值对比

（2）当槽的有效长度（无除液盘时）或除液盘间距 H_s 大于最大有效长度时，实验值随温差的增大增长较慢，即 dQ_t/dT 随温差增大在减小，说明槽的强化效果在降低。因此，槽的长度（无除液盘时）或除液盘的间距不能大于最大有效长度。

（3）设置除液盘可以减小每段槽的长度，及时排走管子表面冷凝液，使管子表面难以形成较厚的液膜，从而在温差较大时仍保持较好的换热效果。tube F - 3 和 tube F - 7 因设置了较多的除液盘，实验值的 dQ_t/dT 随温差减小幅度相对较小，因而在温差较大时具有较好的换热效果，并且实验值与计算

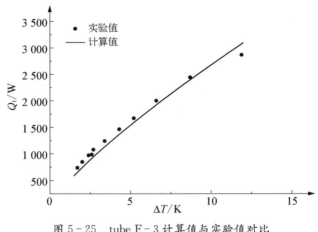

图 5-25 tube F-3 计算值与实验值对比

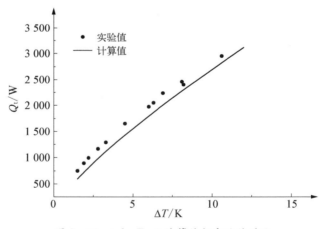

图 5-26 tube F-7 计算值与实验值对比

值的误差也较小。

3. 温度分布与传热分析

图 5-27 为 $\Delta T = 10$ K 时槽表面温度 T_w 的分布,从图中可以看出,槽表面温度分布不均匀,而且随着 z 的增长,槽峰的温度增高,槽谷温度降低,温度分布更加不均匀。

在求解过程中已计算出液膜在槽表面 DGE 的温度梯度分布 $\dfrac{\partial T_f(s)}{\partial n}$,因此,可以用以下公式计算槽表面的热流密度分布:

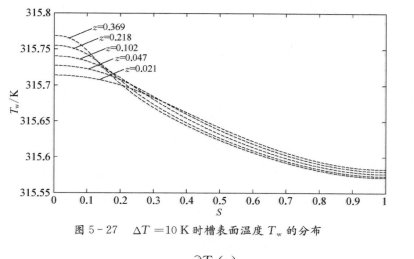

图 5 - 27　$\Delta T = 10\,\mathrm{K}$ 时槽表面温度 T_w 的分布

$$q = \lambda_f \frac{\partial T_f(s)}{\partial n} \qquad (5 - 85)$$

图 5 - 28 为 $\Delta T = 10\,\mathrm{K}$ 时槽表面的热流密度分布图。由图可见,随着 z 的增长,槽峰的热流密度增大,槽谷热流密度减小,热流密度分布更加不均匀,主要传热区域向槽峰顶部转移。

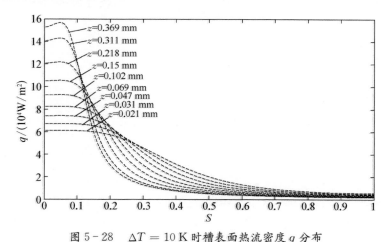

图 5 - 28　$\Delta T = 10\,\mathrm{K}$ 时槽表面热流密度 q 分布

图 5 - 29 为 $\Delta T = 10\,\mathrm{K}$ 时槽的局部平均热流密度 $\dot{q}$ 与 z 的关系。局部平均热流密度 $\dot{q}$ 按投影面积计算,计算公式为

$$\dot{q} = \frac{\dot{Q}}{P/2} \qquad (5 - 86)$$

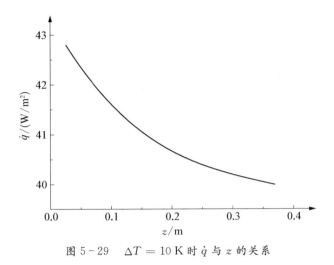

图 5-29 $\Delta T = 10\,\mathrm{K}$ 时 $\dot{q}$ 与 z 的关系

式中，$\dot{Q}$ 为槽在 z 方向单位长度传热量，可由式(5-77)确定；$\dot{q}$ 为槽的局部传热性能。由图可见，$\dot{q}$ 随 z 增大而减小，说明槽的局部冷凝传热性能从上部到下部是逐渐降低的。

图 5-30 为 $\Delta T = 10\,\mathrm{K}$ 时槽的平均热流密度 $\bar{q}$ 与 z 的关系。平均热流密度 $\bar{q}$ 是指槽的长度为 z 时的整个槽的热流密度，面积按照投影面积计算，$\bar{q}$ 计算公式为

$$\bar{q} = \frac{Q}{z \cdot P/2} \tag{5-87}$$

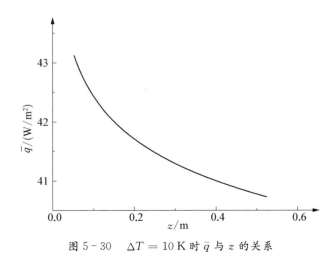

图 5-30 $\Delta T = 10\,\mathrm{K}$ 时 $\bar{q}$ 与 z 的关系

平均热流密度 $\bar{q}$ 代表了槽的平均传热性能。由图 5-31 可见，$\bar{q}$ 随 z 的增大而减小，说明槽的冷凝强化性能随长度增加而降低。

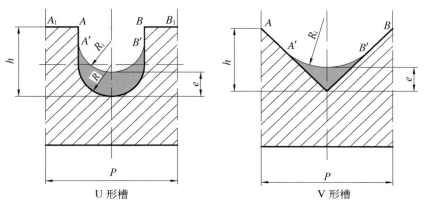

图 5-31　U 形槽和 V 形槽示意

4. 除液盘对冷凝传热的影响

从图 5-23～图 5-26 计算值与实验值的对比可以看出，在纵槽管外设置除液盘也可以强化冷凝传热，设置除液盘的本质就是间接地缩短槽的长度。图 5-29 也表明，槽的局部传热性能在槽的上部比较高，而下部较低。图 5-30 则更直接地说明槽的平均热流密度随长度的增加而减小。因此，长度较短的槽具有较好的传热性能，在纵槽管外设置除液盘是一个很好的方法，除液盘把比较长的槽分割成较短的若干段，因而可以更好地发挥其强化冷凝传热的特性。除液盘的作用可用式 (5-84) 来解释，即假设纵槽管的有效长度为 z，槽的数量为 n，在温差为 ΔT 时，根据式 (5-84) 纵槽管的总传热量为

$$Q_{\mathrm{t}} = n \cdot a \cdot z^{b}$$

如果在纵槽管外设置 m 个除液盘，则纵槽管被均分为 $m+1$ 段，在相同的温差 ΔT 下纵槽管的总传热量为

$$Q_{\mathrm{t}m} = (m+1) \cdot n \cdot a \cdot \left(\frac{z}{m+1}\right)^{b}$$

两者相除可得

$$\frac{Q_{\mathrm{t}m}}{Q_{\mathrm{t}}} = \frac{(m+1) \cdot n \cdot a \cdot \left(\dfrac{z}{m+1}\right)^{b}}{n \cdot a \cdot z^{b}} = (m+1)^{1-b} \qquad (5-88)$$

151

根据计算，$0.9<b<1$，所以 $1-b>0$，而且 $m+1\geqslant 2$，由此可得 $\dfrac{Q_{tm}}{Q_t}=(m+1)^{1-b}>1$，因此，在纵槽管外设置除液盘后其传热量比未设置除液盘时有所提高，前者是后者的 $(m+1)^{1-b}$ 倍。由式(5-88)可知，传热量的提高与两个量有关，即除液盘数量 m 和指数 b。m 值越大、b 值越小，设置除液盘后传热量的提高倍数越大。

5.4　槽型结构优化

5.4.1　槽形选择的基本原则

以工业上常用的水蒸气为介质，研究在一定规格的基体材料上加工出各种槽形之后的传热性能，从中优选出易于加工且传热性能较好的槽形。

槽形状的选择十分重要，因为它关系到槽形换热元件的传热性能、加工、使用等方面。槽形的选择应遵循以下原则：

（1）应具有良好的强化传热性能；

（2）应具有足够长的最大有效长度；

（3）便于纵槽管的加工；

（4）便于换热器的制造；

（5）冷凝传热性能应与具体的材料结合起来进行研究。

以上原则是槽形选择的综合评价标准，评价时应将它们视为一个整体，不应孤立地对待其中的某一条。

良好的传热强化性能是槽必须具备的特性，否则就失去了应用的意义。由前面的分析可知，当槽的长度大于最大有效长度时，其强化性能就会下降，因此，最大有效长度应足够大，但同时槽的长度也不应大于最大有效长度。有些文献中开发出的槽形过于复杂不利于加工，还有的槽尺寸过小致使槽峰强度不足，在制造过程中极易损坏，这些槽形应该说只具有研究意义，而不具备实际的应用意义，因此，槽形应便于加工、便于换热器的制造是十分必要的。槽应与具体的材料结合起来进行冷凝传热性能的研究，如在某种材料、某种规格的管子外表面上加工某种形状的槽，一些文献仅研究槽的形状对冷凝传热的影响，忽略了基体材料热阻的影响，他们在进行理论研究时将槽表面的温度设定为同一温度，但这不符合实际情况，通过前面对余弦形纵槽管的冷凝传热计算可知，尽管纵槽管所用材料为导热系数较高的铝，槽表面的温度分布仍是不均匀的。所以在研究时还应考虑到材料的厚度、导热系数对冷凝传热的影响。

5.4.2　槽排液能力计算及槽形的初步选择

从前面的分析可知,槽谷区的主要作用是排走冷凝液。如果能排走更多的冷凝液则表明该槽形具有较好的传热性能,若冷凝液在槽内占的面积较大,则说明该槽形具有较强的排液能力。因此,排液能力直接影响槽的冷凝传热性能,所以槽形的选择应首先进行排液能力分析。

根据槽形的分类并结合所开发的纵槽管加工技术,在两类槽形中分别选择一种有代表性的槽形进行排液能力分析,一种是形状接近于矩形槽的 U 形槽,另一种是 V 形槽。图 5-31 为所选择的 U 形槽和 V 形槽,根据所开发的纵槽管加工工艺,U 形槽的底部设计成半径为 R 的半圆形。半径为 R_i 的圆弧代表汽液界面,由于槽峰区的液膜很薄,因此图中忽略槽峰液膜厚度,认为汽液界面与槽表面相切,图中 A' 和 B' 即为切点。图中 P 为槽的间距,h 为槽的深度,e 为槽谷区液膜的最大厚度。为了便于对比,规定图中相关尺寸的关系为:$h = \dfrac{P}{2}$ 和 $R = \dfrac{P}{4}$。

图 5-31 中灰色区域即为冷凝液所占区域,也就是冷凝液纵向流动的区域,此区域面积的大小代表了槽容纳冷凝液的能力,也代表了槽的排液能力。经计算冷凝液流通面积分别为

U 形槽:
$$S_{U} = \frac{Pe}{2} \tag{5-89}$$

V 形槽:
$$S_{V} = \frac{(4-\pi)e^2}{4\left(\sqrt{2}-1\right)^2} \tag{5-90}$$

两者相除得

$$\frac{S_{U}}{S_{V}} = \frac{2\left(\sqrt{2}-1\right)^2}{4-\pi} \frac{P}{e} \tag{5-91}$$

上式表明,对于某一确定的槽,P 为一常数,因此,如果要确定 $\dfrac{S_{U}}{S_{V}}$ 必须先确定 e 的取值范围。如图 5-31 所示,随着 e 增大,液膜与槽表面的切点 A' 点和 B' 点逐渐向槽峰移动,当切点与峰顶(即图中的 A 点和 B 点)重合时,作为主要传热区域的槽峰薄液膜区消失,槽表面完全被较厚的液膜覆盖,传热能力将明显

降低,此时所对应的槽长度即为最大有效长度,而且 e 也达到最大值。经计算 e 的最大值分别为

U 形槽:
$$e_{\text{U, max}} = \frac{P}{4} \qquad (5-92)$$

V 形槽:
$$e_{\text{V, max}} = \frac{(2-\sqrt{2})P}{2} \qquad (5-93)$$

由此可得 $\dfrac{P}{e}$ 的范围分别为

U 形槽:
$$\frac{P}{e} \geqslant 4 \qquad (5-94)$$

V 形槽:
$$\frac{P}{e} \geqslant \frac{2}{2-\sqrt{2}} \qquad (5-95)$$

首先在最大液膜厚度 e 相同时对比 S_U 和 S_V,取式(5-94)和式(5-95)重合的区间,$\dfrac{P}{e} \geqslant 4$,于是

$$\frac{S_\text{U}}{S_\text{V}} = \frac{2\,(\sqrt{2}-1)^2}{4-\pi} \frac{P}{e} \geqslant \frac{2\,(\sqrt{2}-1)^2}{4-\pi} \times 4 \approx 1.6 \qquad (5-96)$$

可见,e 相同时 U 形槽比 V 形槽具有更强的排液能力。

当 U 形槽和 V 形槽的 e 值都达到最大值时,对应的 S_U 和 S_V 最大值分别为

U 形槽:
$$S_{\text{U, max}} = \frac{P^2}{8} \qquad (5-97)$$

V 形槽:
$$S_{\text{V, max}} = \frac{(4-\pi)P^2}{8} \qquad (5-98)$$

$$\frac{S_{\text{U, max}}}{S_{\text{V, max}}} = \frac{1}{4-\pi} \approx 1.16 \qquad (5-99)$$

很明显,$S_\text{U} > S_\text{V}$,由此可以得出结论:在最大有效长度内,S_U 始终大于 S_V,也就是说,U 形槽的排液能力强于 V 形槽。

基于以上的对比与分析,选择 U 形槽作为槽形优化的对象,以便选择出综合性能较好的 U 形槽。

5.4.3 U形槽的选型设计

此处研究槽形竖壁结构的基体材料厚度为 3 mm，材料为 20 钢。根据所开发的纵槽加工工艺，U 形槽的设计如图 5 – 32 所示。加工前基体材料厚度为 3 mm，P 为槽间距，h 为槽深度，槽的底部为半径为 R_2 的半圆形，R_1 为圆角。规定相关尺寸的关系为：$h = \dfrac{P}{2}$、$R_2 = \dfrac{P}{4}$。表 5 – 3 为所设计的几种不同 U 形槽的尺寸。

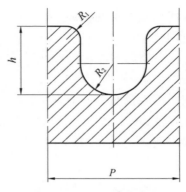

图 5 – 32 U 形槽设计图

表 5 – 3 U 形槽几何尺寸参数

P/mm	h/mm	R_1/mm	R_2/mm	代号（槽宽×齿宽×槽深）
1.2	0.6	0.15	0.3	0.6×0.6×0.6
1.6	0.8	0.15	0.4	0.8×0.8×0.8
2.0	1.0	0.15	0.5	1.0×1.0×1.0
2.5	1.25	0.15	0.625	1.25×1.25×1.25
3.0	1.5	0.15	0.75	1.5×1.5×1.5

5.4.4 U形槽四区模型理论及求解

由于 U 形槽属于第二类槽形，结构以及槽表面冷凝液的流动都较为复杂，因此分析计算过程需要在 5.2 节分区模型理论的基础上作一些修改。

图 5 – 33 为 U 形槽横截面及坐标系统示意。由于横截面是对称的，为了简化模型，取槽的一半进行研究。$A - H$ 为槽的表面；冷凝液在重力的作用下沿着槽往下流，$I - M$ 为汽液界面；ON 为冷却面，温度为 T_c 且保持恒定；IAO 和 MHN 为对称边

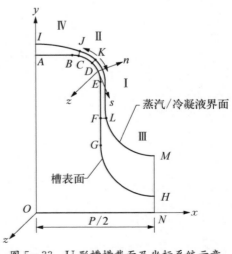

图 5 – 33 U 形槽横截面及坐标系统示意

155

界;槽的底部(GH)为半圆形,AB 和 EG 之间以圆弧 B-E 光滑过渡。在槽的表面建立正交曲线坐标系(s,n,z),s、n 分别为切向和法向,z 为重力方向(槽的纵向)。

由前面的理论分析可知,槽表面曲率的差异引起液体的横向流动,根据槽的形状,假设冷凝液以圆弧 B-E 的中点 D 为起点,向两侧流动。因此,液膜可以分成四个区域,Ⅰ区($DFLKD$)、Ⅱ区($CDKJC$)、Ⅲ区($FHMLF$)和Ⅳ区($ACJIA$)。Ⅰ区和Ⅱ区液膜较薄,Ⅲ区和Ⅳ区液膜较厚;Ⅲ区和Ⅳ区在表面张力的作用下,汽液界面近似为圆弧形;相邻区域汽液界面光滑连接。

与前面的研究相同,在理论分析之前需作一些合理的假设。5.2 节中基本假设中的(1)~(7)条在这里是适用的,由于 U 形槽的特殊性,需增加如下假设:

(1) Ⅰ、Ⅱ区蒸汽冷凝液界面的垂直方向曲率远小于横向曲率,忽略垂直方向曲率变化;

(2) Ⅲ、Ⅳ区受表面张力的影响,汽液界面近似为圆弧形;

(3) Ⅰ、Ⅱ区冷凝液只有横向流动,Ⅲ、Ⅳ区冷凝液只有垂直方向流动。

1. 各区基本物理量方程及边界条件

作为分区模型的特例,四区模型同样需要计算各区的基本物理量,即Ⅰ、Ⅱ区的液膜厚度,Ⅲ、Ⅳ区速度场以及横截面内的温度场。分区模型中计算液膜厚度、速度场和温度场的方程在这里同样适用,但是由于槽形有变化,边界条件需要作相应的修改。

(1) Ⅰ、Ⅱ区液膜厚度

$$\frac{\gamma}{3\mu}\frac{\mathrm{d}}{\mathrm{d}s}\left[\delta^3\frac{\mathrm{d}}{\mathrm{d}s}\left(\frac{\mathrm{d}^2\delta/\mathrm{d}s^2}{(1+(\mathrm{d}\delta/\mathrm{d}s)^2)^{3/2}}\right)\right]=\frac{\lambda_{\mathrm{f}}}{\rho h_{\mathrm{fg}}}\frac{T_{\mathrm{sat}}-T_{\mathrm{w}}}{\delta} \qquad (5-100)$$

边界条件为

$s=0$(D 点)时:
$$\delta=\delta_0, \quad \frac{\partial\delta}{\partial s}=0, \quad \frac{\partial^3\delta}{\partial s^3}=0 \qquad (5-101)$$

$s=s_F$(F 点)时:
$$k=k_L \qquad (5-102)$$

$s=s_C$(C 点)时:
$$k=k_J \qquad (5-103)$$

式中,k_L、k_J 分别为 Oxy 坐标系内汽液界面在 L 点和 J 点的斜率。

（2）Ⅲ、Ⅳ区速度场

$$\frac{\partial^2 u_z}{\partial x^2} + \frac{\partial^2 u_z}{\partial y^2} + (\rho - \rho_v)\frac{g}{\mu} = 0 \qquad (5-104)$$

边界条件为

在 FL、CJ 和 $F\text{-}H$、$A\text{-}C$ 上： $u_z = 0$ $\qquad (5-105)$

在 HM、AI 上： $\dfrac{\partial u_z}{\partial x} = 0$ $\qquad (5-106)$

在 IJ、LM 上： $\dfrac{\partial u_z}{\partial n} = 0$ $\qquad (5-107)$

（3）温度场

$$\lambda\left[\frac{\partial^2 T}{\partial x^2} + \frac{\partial^2 T}{\partial y^2}\right] = 0 \qquad (5-108)$$

边界条件为

$x=0$, $x=P/2$ 时： $\dfrac{\partial T}{\partial x} = 0$ $\qquad (5-109)$

在汽液界面 $I\text{-}M$ 上： $T = T_{\text{sat}}$ $\qquad (5-110)$

在冷却面 ON 上： $T = T_{\text{c}}$ $\qquad (5-111)$

2. 求解程序

（1）假设槽表面 $A\text{-}H$ 的温度分布为 $T_w(s)$，给定一个 F 点的 s 坐标 s_F，用Runge-Kutta法求解Ⅰ区液膜厚度方程及边界条件，利用结果计算出汽液界面在 L 点的斜率 k_L'，修正 δ_0，直到相邻两次计算出的 k_L 满足 $|1 - k_L'/k_L| < 5\times10^{-4}$ 为止。至此，Ⅰ区汽液界面 KL 已经确定。

k_L 的确定方法如下，如图 5-34 所示，FL 为Ⅰ区和Ⅲ区的分界线，过 L 点的汽液界面切线与 EG 的夹角为 α，于是 $k_L = \tan(90°+\alpha)$，计算时 α 取 15°。事实上，α 等于 15°和 40°时的计算结果相差不到 3%，即 α

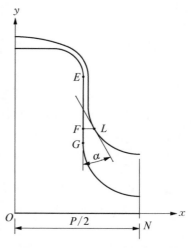

图 5-34　k_L 的确定方法示意

的取值对计算结果影响很小,但是 α 取 15°时更便于计算。

（2）根据Ⅰ区的解,确定Ⅱ区在 D 点的边界条件,解液膜厚度方程得到Ⅱ区汽液界面 KJ。

（3）Ⅲ、Ⅳ区汽液界面分别与Ⅰ、Ⅱ区光滑连接,且近似为圆弧形。由此可以确定:Ⅲ、Ⅳ区汽液界面分别在 L 和 J 点的斜率为 k_L 和 k_J,Ⅰ、Ⅲ区汽液界面分界点 L 以及Ⅱ、Ⅳ区汽液界面分界点 J 的坐标。由于液膜界面关于 IAO 和 MHN 对称,Ⅲ、Ⅳ区汽液界面的圆心分别在 HM 和 AI 的延长线上。根据以上条件便可以确定Ⅲ、Ⅳ区汽液界面 LM 和 IJ。

（4）根据已确定的汽液界面,用有限元法解导热方程及其边界条件,计算出槽表面 $A\text{-}H$ 的温度分布 $T'_w(s)$,令 $T_w(s) = T'_w(s)$,重复（1）~（3）,直到满足 $|1 - T'_w(s)/T_w(s)| < 1\times10^{-5}$ 为止。

（5）根据（4）算出的液膜内温度分布,计算液膜在 $A\text{-}H$ 上的温度梯度 $\dfrac{\partial T_f(s)}{\partial n}$,$z$ 方向上单位长度的传热量为

$$\dot{Q}(z) = \int_0^D \lambda_f \frac{\partial T_f(s)}{\partial n} \mathrm{d}s \qquad (5\text{-}112)$$

式中,D 为槽表面曲线 $A\text{-}H$ 的长度。

（6）用有限元法解Ⅲ、Ⅳ区基本方程及其边界条件,可得到 u_z,进而计算出Ⅲ、Ⅳ区内冷凝液的质量流量为

$$M_{\text{Ⅲ}} = \iint\limits_{S_{\text{Ⅲ}}} \rho u_z \mathrm{d}S \qquad (5\text{-}113a)$$

$$M_{\text{Ⅳ}} = \iint\limits_{S_{\text{Ⅳ}}} \rho u_z \mathrm{d}S \qquad (5\text{-}113b)$$

式中 $S_{\text{Ⅲ}}$、$S_{\text{Ⅳ}}$ 分别为Ⅲ、Ⅳ区的面积。

Ⅲ、Ⅳ区冷凝液的总质量流量为

$$M = M_{\text{Ⅲ}} + M_{\text{Ⅳ}} \qquad (5\text{-}114)$$

（7）改变 s_F 的值,重复（1）~（6）,就得到一系列质量流量 M 值和与之对应的 s_F 和 $\dot{Q}(z)$ 的值。

（8）槽长度为 z 时的传热量 $Q(z)$ 为

$$Q(z) = h_{\text{fg}}m = \int_0^z \dot{Q}(z)\mathrm{d}z \qquad (5\text{-}115)$$

上式对 F 点的 s 坐标微分得

$$\frac{\mathrm{d}z}{\mathrm{d}s_F}=\frac{1}{\dot{Q}(z)}\frac{\mathrm{d}Q(z)}{\mathrm{d}s_F} \qquad (5-116)$$

边界条件为

$s_F=s_{F0}$ 时：$\qquad\qquad z=z_0,\ Q=Q_0$ $\qquad\qquad$ $(5-117)$

用 Runge-Kutta 法求解式(5-116)及其边界条件即得到一组传热量 Q 的值和与之相对应的 z 值,通过回归可得出 Q 和 z 的关系式。

z_0 的确定方法与上一节相同。Q 和 z 关系式的形式也采用类比于蒸气层流膜状凝结 Nusselt 解的方法,表示为 $Q=a\cdot z^b$。

（9）建立最大液膜厚度 e 和 z 的关系式,方法与之前内容相同。

5.4.5　U 形槽结构对冷凝传热的影响规律研究及参数优化

假设 U 形槽表面处于温度 $T_{\mathrm{sat}}=373.15$ K 的饱和水蒸气氛围中,用以上关于 U 形槽的分析方法对温差(即蒸汽与冷却面温差 $\Delta T=T_{\mathrm{sat}}-T_c$) 分别为 10 K、15 K、20 K、25 K、30 K 的工况进行传热计算,以下为计算结果及讨论。

图 5-35 为各种槽形的最大有效长度与温差的关系。与 5.2 节中的 tube F 相同,U 形槽最大有效长度也随温差的增大而减小,$1.5\times1.5\times1.5$ 的最大有效长度明显大于其他槽形,其原因是该槽的横截面最大,排液能力最强,所以最大有效长度最大。除 $1.5\times1.5\times1.5$ 以外,其余四种槽形的最大有效长度受

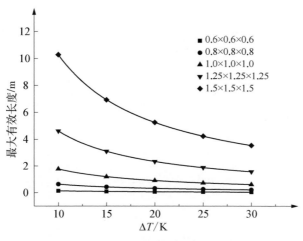

图 5-35　最大有效长度与温差的关系

温差的影响较小,温差的适用范围更广。

图 5-36 为 $\Delta T = 10$ K、15 K、20 K、25 K、30 K 时平均槽的热流密度 $\bar{q}$ 与槽长度 z 的关系, $\bar{q}$ 由式(5-87)计算。由图可见,与 tube F 相同,槽长度越短,平均热流密度越大。相同温差下, $0.6 \times 0.6 \times 0.6$ 的平均热流密度最大, $1.5 \times 1.5 \times 1.5$ 最小,其他槽形居中。

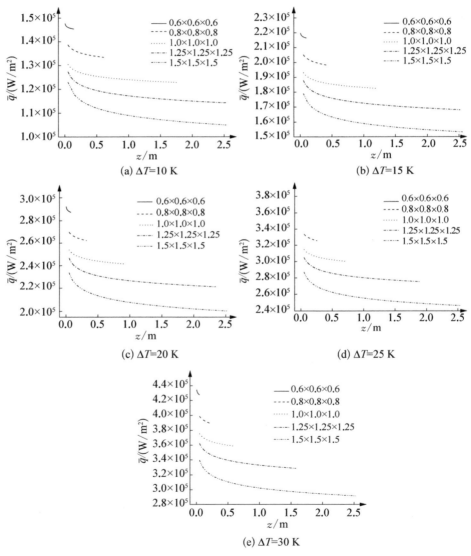

图 5-36　槽平均热流密度 $\bar{q}$ 与长度 z 的关系

图 5-37 和图 5-38 分别为 U 形槽 0.6×0.6×0.6 和 1.25×1.25×1.25 在 $\Delta T = 10$ K 时槽表面温度和热流密度的分布。由此可见,温度分布和热流密度的分布极不均匀,数值较大的区域基本在四区模型中的 Ⅰ 和 Ⅱ 区。因此,Ⅰ 和 Ⅱ 区是传热的主要区域。由于槽的加工采用轧制方法,加工前后基体横截面的面积没有发生变化,所以深度 h 越大,Ⅰ、Ⅱ 区的平均壁厚也随之增大。由于主要的传热区域为 Ⅰ、Ⅱ 区,而此区域平均壁厚的增大导致热阻的增加,因此,槽越深其强化传热的效果越差,这个规律从图 5-38 可得到验证,在传热的主要区域 Ⅰ 和 Ⅱ 区,0.6×0.6×0.6 的热流密度明显比 1.25×1.25×1.25 的高。对于同一 z 值,0.6×0.6×0.6 和 1.25×1.25×1.25 表面温度的不均匀度最大分别达到了 3.1 K 和 5.4 K。可见,将槽表面的温度设置为同一温度是不合理的,应根据实际情况同时考虑热量在竖壁和液膜内的传导,以便在分析槽的冷凝传热时得到更为可靠的结果。

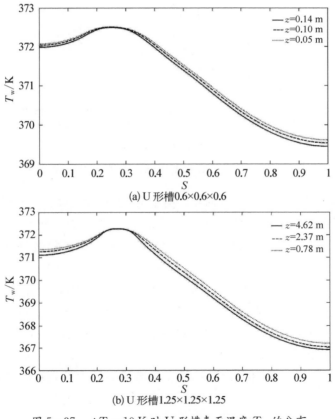

(a) U 形槽 0.6×0.6×0.6

(b) U 形槽 1.25×1.25×1.25

图 5-37　$\Delta T = 10$ K 时 U 形槽表面温度 T_w 的分布

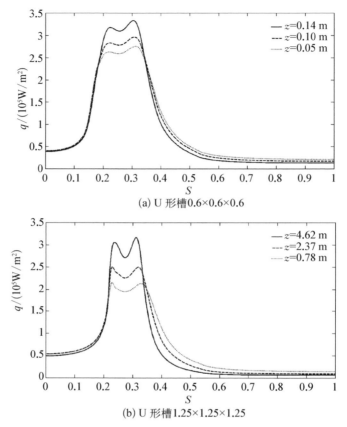

图 5-38　$\Delta T = 10$ K 时 U 形槽表面热流密度 q 的分布

　　根据以上的计算结果以及对比,考虑到最大有效长度、平均热流密度以及加工的难易程度,代号为 $1.25 \times 1.25 \times 1.25$ 的 U 形槽在有较好的冷凝传热性能的情况下又具有较大的最大有效长度,是一种综合性能较好的槽形,原因如下:

　　(1) $1.5 \times 1.5 \times 1.5$ 槽形虽然最大有效长度比较大,但是相同温差下的平均热流密度最小,而且槽的深度为 1.5 mm,加工难度较大。

　　(2) $0.6 \times 0.6 \times 0.6$ 槽形的平均热流密度最大,但是最大有效长度过小,难以在大型换热器上使用。

　　(3) $0.8 \times 0.8 \times 0.8$ 和 $1.0 \times 1.0 \times 1.0$ 槽形的最大有效长度虽然比 $0.6 \times 0.6 \times 0.6$ 有所提高,但对于大型冷凝器还是稍显不足,而且 0.8 mm 和 1.0 mm 的槽宽不适用于现在所使用的加工工艺。

（4）1.25×1.25×1.25 槽形的平均热流密度明显高于 1.5×1.5×1.5 槽形，平均热流密度虽然小于 1.0×1.0×1.0 槽形但是相差不大，而且 1.25×1.25×1.25 槽形的最大有效长度平均在 3 m 左右，适合大型冷凝器使用，1.25 mm 的槽深与 1.5×1.5×1.5 槽形相比，加工难度也有所降低。

以上研究了各种尺寸的槽形的传热及最大有效长度，从中选出了综合性能较好的 1.25×1.25×1.25 槽形。

前面所研究的槽形几何结构为：$h=\dfrac{P}{2}$，$R_2=\dfrac{P}{4}$，即 $h=2R_2$。如果 P 和 R_2 不变，不同的槽深度 h 对槽的传热性能有何影响尚不清楚。因此下面选择另外两种 P 和 R_2 与 1.25×1.25×1.25 槽形相同但深度 h 不同的槽形，并与 1.25×1.25×1.25 槽形对比，从中选择综合性能更优的槽形，槽的尺寸如表 5-4 所示。

表 5-4　不同深度 U 形槽几何尺寸参数

P/mm	h/mm	R_1/mm	R_2/mm	代号（槽宽×齿宽×槽深）
2.5	1.25	0.15	0.625	1.25×1.25×1.25
2.5	1.5	0.15	0.625	1.25×1.25×1.5
2.5	1.0	0.15	0.625	1.25×1.25×1.0

按照表 5-4 所列的槽形分别进行传热计算（工况设置与 5.4.5 节相同）。最大有效长度与温差的关系及平均热流密度与槽长度的关系如图5-39 和

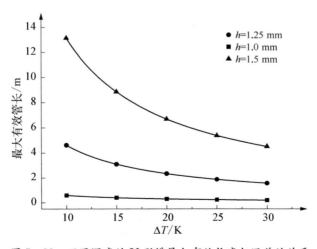

图 5-39　不同深度的 U 形槽最大有效长度与温差的关系

图 5-40 所示。从中可见,槽的深度越大,排液能力越强,槽的最大有效长度也越大,但由于竖壁的最大厚度增大,槽强化冷凝传热的效果反而降低。这种趋势与上一节中的对比分析是一致的。与 $h = 1.25$ mm 时相比,$h = 1.5$ mm 时最大有效长度有较大提高,但是平均热流密度稍有降低;$h = 1.0$ mm 时的平均热流密度虽有较大提高,但是最大有效长度明显过低。综合考虑,$1.25 \times 1.25 \times 1.25$ 的槽形(即 $h = 1.25$ mm)是比较合理的槽形。

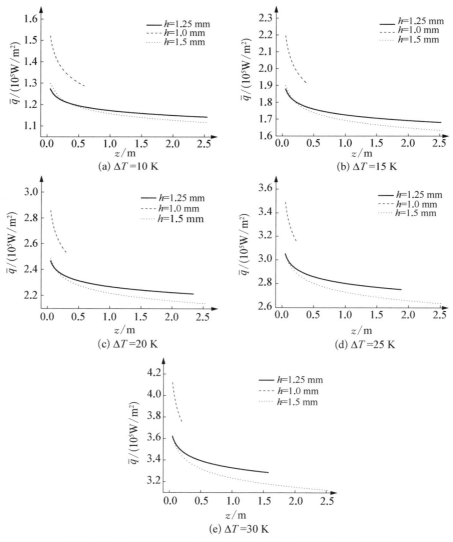

图 5-40 不同深度的 U 形槽平均热流密度 $\bar{q}$ 与槽长度 z 的关系

5.4.6 U形槽与V形槽性能对比

前面对 U 形槽和 V 形槽的排液能力进行了对比,但两者的冷凝传热性能还未进行对比,下面就选择与 U 形槽 1.25×1.25×1.25 具有相同 P 和 h 的 V 形槽进行冷凝传热性能计算,并与 U 形槽 1.25×1.25×1.25 进行对比。

V 形槽表面的冷凝,工况设置与 U 形槽相同,用 5.2 节的分区模型理论进行冷凝传热计算。

与 U 形槽相同,V 形槽同样在 3 mm 厚的基体材料表面加工而成,基体材料为 20 钢。V 形槽的设计如图 5-41 所示,加工前基体材料厚度为 3 mm,P 为槽间距,h 为槽深度,R 为圆角。表 5-5 为 V 形槽的尺寸。

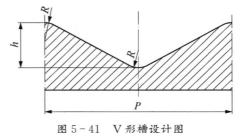

图 5-41 V形槽设计图

表 5-5 V形槽几何尺寸参数

P/mm	h/mm	R/mm	代号（槽宽×槽深）
2.5	1.25	0.15	2.5×1.25

图 5-42 和图 5-43 分别为 U 形槽与 V 形槽最大有效长度对比及平均热流密度对比。从中可见,U 形槽 1.25×1.25×1.25 的最大有效长度小于 V 形槽 2.5×1.25;当槽长度足够长时 U 形槽 1.25×1.25×1.25 的平均热流密度明显大

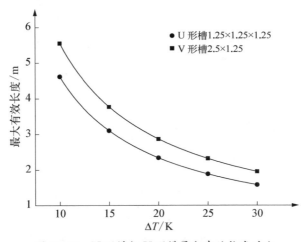

图 5-42 U形槽与V形槽最大有效长度对比

于 V 形槽 2.5×1.25,而且温差越大两者差值也越大。对比表明,当槽足够长、温差足够大时,U 形槽能以较短的长度实现较大的传热量,因此,U 形槽的传热性能优于 V 形槽。事实上,由于 U 形槽排除冷凝液的能力较强,可以收集较多的冷凝液,因而具有较好的传热性能,但同时槽谷区最大液膜厚度 e 也极易达到最大值,在一定程度上缩短了 U 形槽的最大有效长度。综上所述,U 形槽的结构使其能够以较短的长度实现较大的传热量,具有更好的综合性能。

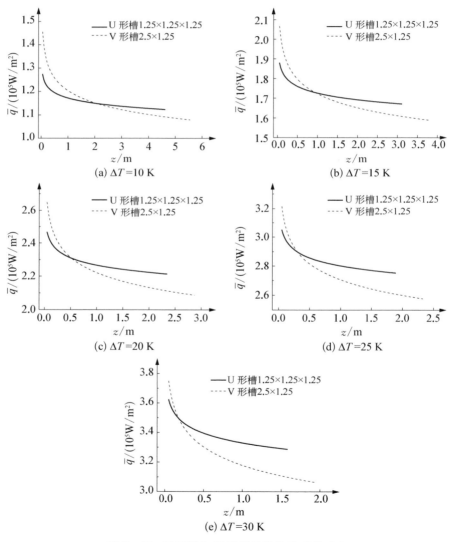

图 5-43 U 形槽与 V 形槽平均热流密度对比

5.4.7 垂直纵槽管强化膜状冷凝传热实验

冷凝实验在图 4-18 多功能传热实验平台立式套管换热器上进行,换热器的管程通入冷却水,壳程通入饱和水蒸气,测量管程进出口温度、壳程进出口温度、冷却水流量和冷凝水流量,然后根据所测量的实验数据计算热流密度、传热系数、温差等。

实验所用换热管有三种:按照优化 U 形槽加工而成的纵槽管(简称"优化纵槽管")、光管及 UOP 纵槽管。

1. 四区模型理论的验证及优化纵槽管与光管性能对比

图 5-44 为优化纵槽管热流密度计算值与实验值对比、优化纵槽管与光管热流密度对比。从优化纵槽管热流密度计算值与实验值对比可看出,两者吻合较好,最大偏差 18%,证明四区模型理论是可靠的,可用于 U 形槽纵槽管的冷凝传热计算与分析。优化纵槽管与光管热流密度的对比说明,光管表面加工出优化 U 形槽后,在实验范围内,温差 ΔT_{fw} 相同时热流密度是光管的 1.8 倍以上,且达到相同热流密度时所需温差也明显降低,最大仅为光管的 43%。

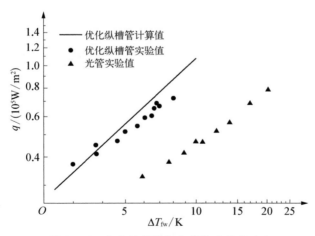

图 5-44 优化纵槽管与光管热流密度对比

图 5-45、图 5-46 分别为传热系数 h_{vw} 与温差 ΔT_{fw} 及热流密度 q 的关系。从中可以看出,在实验范围内,光管的 h_{vw} 变化幅度较小,优化纵槽管的 h_{vw} 随 ΔT_{fw} 或 q 的变化幅度较大。当温差 ΔT_{fw} 或热流密度 q 相同时,优化纵槽管的传热系数 h_{vw} 明显高于光管。经计算,在实验范围内,温差 ΔT_{fw} 相同时

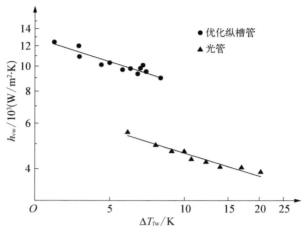

图 5-45　传热系数 h_{vw} 与温差 ΔT_{fw} 的关系

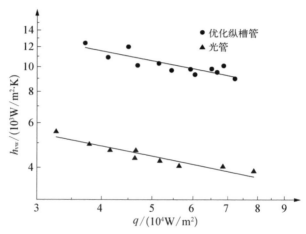

图 5-46　传热系数 h_{vw} 与热流密度 q 的关系

优化纵槽管的 h_{vw} 是光管的 1.8 倍以上,热流密度 q 相同时优化纵槽管的 h_{vw} 是光管的 2.3 倍以上。

图 5-47、图 5-48 分别为总传热系数 K 与平均温差 ΔT_m、热流密度 q 的关系。从中可见,当平均温差 ΔT_m 或热流密度 q 相同时,优化纵槽管的总传热系数 K 比光管也有明显提高。计算表明,在实验范围内,优化纵槽管的总传热系数 K 在平均温差 ΔT_m 相同时是光管的 1.4 倍以上,在热流密度 q 相同时是光管的 1.5 倍以上。对比说明,优化 U 形槽对于总传热系数的贡献也是十分显著的。

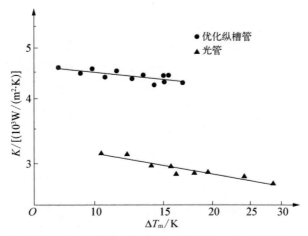

图 5-47　总传热系数 K 与平均温差 ΔT_m 的关系

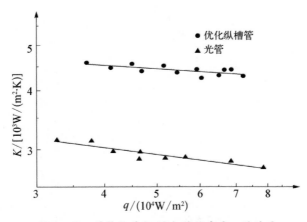

图 5-48　总传热系数 K 与热流密度 q 的关系

以上优化纵槽管与光管的传热性能对比表明,优化纵槽管冷凝传热性能比光管有明显的提高,冷凝传热强化效果显著。

在 5.2 节中通过研究除液盘的作用可知,纵槽管设置除液盘后传热量是未设置除液盘时的 $(m+1)^{1-b}$ 倍。从表达式可看出,提高的倍数与 m 和 b 有关,对于优化纵槽管 b 十分接近 1,则 $(m+1)^{1-b} \to 1$,所以可以认为 $(m+1)^{1-b}$ 受除液盘数量 m 的影响十分小。理论计算表明,当优化纵槽管设置 5 个除液盘时传热量仅提高 3% 左右,而此时每段纵槽管长度仅为 287 mm,这个长度对于工业用换热器显然过短,因此不再进行优化纵槽管设置除液盘的传热实验研究。

2. 优化纵槽管与 UOP 纵槽管性能对比

图 5-49、图 5-50 和图 5-51 分别为优化纵槽管与 UOP 纵槽管传热量、热流密度及传热系数 h_{vw} 对比。从中可见,相比于 UOP 纵槽管,优化纵槽管的传热量、热流密度及传热系数 h_{vw} 具有一定的提高,经计算,在实验范围内,温差 ΔT_{fw} 相同时,优化纵槽管的传热量提高 15% 以上、热流密度提高 9.5% 以上,热流密度 q 相同时传热系数 h_{vw} 提高 12% 以上。可见,实验所开发的纵槽管比 UOP 纵槽管有更好的冷凝传热性能。

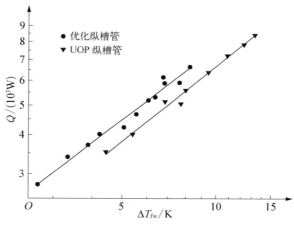

图 5-49 优化纵槽管、UOP 纵槽管传热量对比

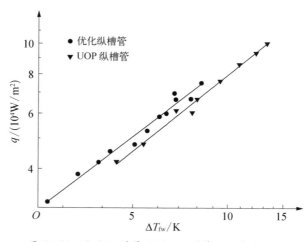

图 5-50 优化纵槽管、UOP 纵槽管热流密度对比

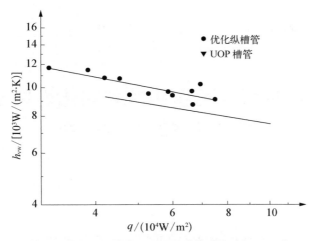

图 5-51　优化纵槽管、UOP 纵槽管传热系数 h_{vw} 对比

第 6 章
内波外螺纹管管内冷凝强化性能及不凝气体的影响研究

6.1 概述

内波外螺纹管是一种新型的双面强化传热管,外表面形成螺旋凹槽,内表面则形成螺旋凸起,介质在管内外流动时产生纵向旋转和二次旋流,这不仅增强了流体间的混合,提高了流体的湍流强度,而且可以减少甚至破坏层流层,因此能够同时提高管内外的传热系数。用内波外螺纹管替代普通光管不仅可以增大管内冷凝传热系数,在一些壳程用冷却水进行冷却的冷凝器中,还可以通过增大管外强制对流传热系数的方法减小壳程冷却水的流量,从而实现节约水资源的任务。

本章主要针对内波外螺纹管进行水平管内冷凝传热特性的研究,介绍测量内波外螺纹管冷凝传热性能的间接法及实验系统;随后研究纯蒸汽在内波外螺纹管内的冷凝传热、流阻特性,并得到了实验关联式。

含不凝气体的蒸气冷凝广泛存在于核能、制冷、化工和海水淡化行业。目前大多数研究仅针对混合蒸气在竖直方向上的冷凝,但在一些特定场合,如PTA钛冷凝器必须采用水平管内冷凝的方式。由于水平管内冷凝在不同流型时传热特性具有较大的差异,对混合蒸气在水平管内冷凝的传热规律研究得还不够透彻。本章还研究了存在不凝气时内波外螺纹管的管内冷凝特性,考查了不凝气进口条件、内波外螺纹管结构参数对冷凝的影响,比较了混合气在光管和内波外螺纹管内的传热能力。

6.2 内波外螺纹管传热特性的间接测量法及实验系统

6.2.1 实验系统与流程

内波外螺纹管内综合传热性能实验装置,由混合蒸气系统、实验段、预冷器冷却水系统、实验段冷却水系统、数据采集系统及配套的管道、阀门组成,可以完成管内强制对流传热与压降、水蒸气管内冷凝传热与压降以及混合蒸气管内冷凝传热的测试与评价。实验装置的系统流程如图 6-1 所示，实物图如图 6-2 所示。

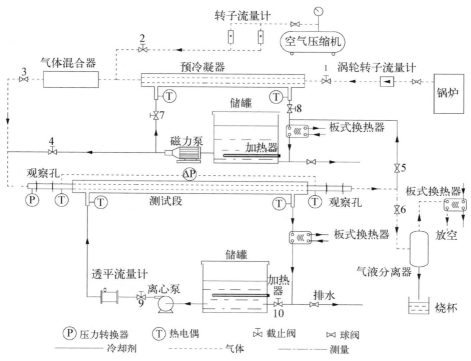

图 6-1　内波外螺纹管实验装置流程

图 6-2　内波外螺纹管传热装置实物图

混合蒸气系统相比水平光管实验装置多了预冷器,预冷器是多段式套管换热器,根据需要可以更换换热管长度以及换热管材质。纯水蒸气冷凝实验时,预冷器可以用来改变实验段进口水蒸气干度。混合蒸气管内冷凝时,预冷器可以改变实验段进口不凝气的质量分数。实验段、实验段冷却水系统和数据采集系统与水平光管实验装置基本相同。预冷器冷却水系统除了用来使水蒸气放出汽化潜热变成气液混合物外,还可通过改变阀门的开闭为强制对流实验提供管内热流体。

6.2.2　内波外螺纹管结构参数

内波外螺纹管是一种螺旋凹槽剖面为近似梯形的螺旋槽管。凹槽宽度相比圆弧形和锥形凹槽要大,这样滚压加工时受到的应力会减小,导致内表面螺旋凸起的高度一般要小于外表面螺旋凹槽深度。同时由于其管内凸起的角度较大,其强化传热能力要强于普通螺旋槽管,压降也要高于普通螺旋槽管。本文实验中的内波外螺纹管均选自"高效换热器用特型管(GB/T 24590—2009)",其剖面如图 6-3 所示。

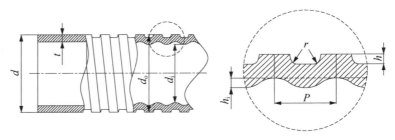

图 6-3　内波外螺纹管剖面示意

为研究节距 P 和波纹高度 h_i 对内波外螺纹管综合传热性能的影响,实验测试中内波外螺纹管的结构参数与 GB/T 24590—2009 略有不同,具体参数见表 6-1,换热管的实物图如图 6-4 所示。

表 6-1　被测换热管结构参数

管　　型	d_o/mm	t/mm	h/mm	h_i/mm	P/mm	L/mm
光管	19	2	—	—	—	1 750
内波外螺纹管 1	19	2	0.7	0.5	4	1 750
内波外螺纹管 2	19	2	0.7	0.5	6	1 750
内波外螺纹管 3	19	2	0.7	0.5	8	1 750
内波外螺纹管 4	19	2	0.5	0.3	6	1 750
内波外螺纹管 5	19	2	0.9	0.7	6	1 750

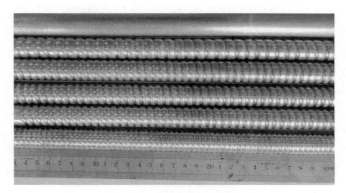

图 6 - 4 被测换热管实物图

6.2.3 实验方法及数据处理

1. 管内强制对流传热与压降

套管换热器的总热阻由管外热阻、管壁热阻、污垢热阻和管内热阻组成：

$$\frac{1}{U} = \frac{1}{h_o} + R_w + R_f + \frac{d_o}{d_i \cdot h_i} \qquad (6-1)$$

式中，h_o 为管外传热系数；h_i 为管内传热系数；R_w 为管壁热阻；R_f 为污垢热阻。

每次实验前换热管都会经过机械和化学清洗，表面氧化层和污垢都已被清洗干净，污垢热阻基本可以忽略，因此上式可简化为

$$\frac{1}{U} = \frac{1}{h_o} + R_w + \frac{d_o}{d_i \cdot h_i} \qquad (6-2)$$

本章实验段为套管式换热器，换热管内外的流动通常可认为是管道内的流动，Dittus - Boelter 的实验结果表明管槽内湍流强制对流的传热系数仅与流体雷诺数 Re 和普朗特数 Pr 有关，其中流体 Re 数用于表征流体流态对传热性能的影响，Pr 数用于表征流体物性对传热性能的影响，套管换热器管程、壳程的努赛尔数 Nu 可由下式计算：

$$h_i = \frac{\lambda_{l,i}}{d_i} Nu_i = \frac{\lambda_{l,i}}{d_i} \cdot M_i Re_i^{n,i} Pr^{0.33} \qquad (6-3)$$

$$h_o = \frac{\lambda_{l,o}}{d_o} Nu_o = \frac{\lambda_{l,o}}{d_o} \cdot M_o Re_i^{n,o} Pr^{0.33} \qquad (6-4)$$

具体求解采用 Wilson 拟合法,计算管程传热系数时使壳程流体的流量达到最大值并保持不变,这样可以保证壳程流体的温差足够小,这样可以认为壳程流体的物性也基本不变,因此壳程的传热系数 h_o 为一常数,由于管壁热阻 R_w 也基本不变,因此式(6-4)可进一步简化为

$$\frac{1}{U} = c_0 + c_1 Re^{-n, i} \tag{6-5}$$

改变管程流体流量,然后以 Re 数为横坐标、$1/U$ 为纵坐标可得到一条幂函数曲线。通过 Origin 里的非线性拟合就可得到 c_0、c_1 及 n,i 值,M_i 可通过式(6-6)求得:

$$M_i = \frac{d_i}{c_1 \cdot \lambda_{l, i} \cdot Pr^{0.33}} \tag{6-6}$$

最终管程 Nu 数的表达式为

$$Nu_i = M_i \cdot Re^{n, i} \cdot Pr^{0.33} \tag{6-7}$$

固定管程流体流量,通过改变壳程流体的流量,就可采用相同的方法得到壳程 Nu 数的表达式:

$$Nu_o = M_o \cdot Re^{n, o} \cdot Pr^{0.33} \tag{6-8}$$

内波外螺纹管内压降特性可以通过达西摩擦因子 f 来表征,计算公式如下:

$$f = \frac{d_i}{L} \cdot \frac{2\Delta p A^2}{\rho_{l, i} V_i^2} \tag{6-9}$$

式中,Δp 为换热管内流体的压降;V_i 为管内流体的体积流量。

2. 水蒸气管内冷凝传热与压降

由于实验段进口和预冷段出口之间管路很短,且管路外侧都采取了保温措施,因此实验段进口干度基本等于预冷段出口干度。预冷段出口干度通过热量平衡计算,饱和水蒸气进入预冷段后放出的潜热必须等于冷却水带走的热量。实验段出口干度也采用相同的办法求得。最终整个实验段的平均干度由式(6-10)求得。

$$x_i = 1 - \frac{Q_{pre}}{h_{fg, pre}} \tag{6-10}$$

$$Q_{pre} = \rho_{pre} V_{pre} c p_{pre} (T_{o, pre} - T_{i, pre}) \tag{6-11}$$

$$x_o = x_i - \frac{Q_{ts}}{h_{fg, ts}} \qquad (6-12)$$

$$Q_{ts} = \rho_{ts} V_{ts} C p_{ts} (T_{o, ts} - T_{i, ts}) \qquad (6-13)$$

$$x_m = \frac{x_i + x_o}{2} \qquad (6-14)$$

式中,Q_{pre}、Q_{ts} 分别为预冷段和实验段冷却水带走热量,定性温度为进出口温度均温。

管内冷凝传热系数可通过热阻分离法求得

$$h_c = \frac{d_o}{d_i \cdot \left(\dfrac{1}{U} - R_w - \dfrac{1}{h_o} \right)} \qquad (6-15)$$

式中,U 为套管换热器总传热系数;R_w 为管壁热阻;h_o 为壳程传热系数。实验过程中通过改变冷却水温度和流量,使实验段进出口干度变化小于 0.1,这样求得的管内传热系数可近似地认为是局部冷凝传热系数。

整个实验段的两相摩擦压降可由下式计算:

$$\Delta p_f = \Delta p_{tot} - \Delta p_a - \Delta p_g \qquad (6-16)$$

式中,Δp_{tot} 为压差变送器测得的总压力降;Δp_g 为重力压降,由于本实验为水平管实验,进出口的取压点均为同一高度,因此此项可以忽略;Δp_a 为加速压降,是由于实验段冷凝过程中两相流密度逐渐增大速度逐渐减小造成的压损,可通过式(6-17)计算:

$$\Delta p_a = G^2 \left[\left(\frac{x_o^2}{\rho_v \alpha_o} + \frac{(1-x_o)^2}{\rho_l (1-\alpha_o)} \right) - \left(\frac{x_i^2}{\rho_v \alpha_i} + \frac{(1-x_i)^2}{\rho_l (1-\alpha_i)} \right) \right] \qquad (6-17)$$

3. 混合蒸气管内冷凝传热

实验段进口不凝气质量含量由式(6-18)求得,实验时先给定水蒸气进口质量流量及空气体积流量,然后通过改变预冷段冷却水温度和流量,就可得到固定质量通量、系统压力下在不同不凝气含量下的近似局部冷凝传热系数,传热系数计算公式仍采用式(6-15)。

$$\omega = \frac{\dot{V}_a \cdot \rho_a}{\dot{V}_a \cdot \rho_a + M_s \cdot x_i} \qquad (6-18)$$

6.2.4　间接法测量管内传热性能的准确性验证

图 6-5 为湍流条件($Re=10\,000\sim65\,000$)下,光管内强制传热 Nu 数和达西摩擦因子 f 实验值与理论值的对比。传热 Nu 数理论值的计算采用 Dittus-Boelter 公式,由图 6-5(a)可知,Nu 数实验值与公式计算值的变化趋势完全一致,均随着 Re 数和 Pr 数的增大而增大,且两者的最大偏差不超过15%,说明采用拟合法可以准确地测试出管内的对流传热系数。图 6-5(b)中摩擦因子 f 理论值的计算采用 Petukhov 公式,可以看出 f 只随着 Re 数的增大而减小且与 Pr 数无关。另外实验测得的 f 值比公式计算值略高,但最大误差不超过10%,证明了该装置和数据处理方法能准确地测试出管内强制对流时的摩擦因子。

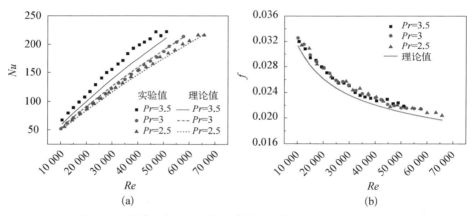

图 6-5　光管内传热 Nu 数和摩擦因子实验值与理论值的对比

采用直接测温法虽然可以准确地测出铜管内的平均及局部冷凝传热系数,但是该法在求解内波外螺纹管管内冷凝传热系数时精度却达不到要求,主要是由于以下两点原因:一是内波外螺纹管表面存在螺旋凹槽,增加了热电偶的埋设难度,无法精确地测量出热电偶的埋设深度;二是由于内波外螺纹管的材质为不锈钢,整个冷凝过程的传热量相对较小,管内主体温度和管壁间温差较小,增大了温度测量的不确定度。热阻分离法不需要测量管壁温度,只须控制预冷器和实验段的冷却水流量,就可得到不同蒸气流量、不同干度下的近似局部传热系数。

图 6-6 为采用热阻分离法得到的光管管内冷凝传热系数实验值与预测值的比较。传热系数预测值的计算采用 Aker、Palen、Cavallini 及 Dosbon 公式。由图可知,Aker 公式低估了冷凝传热系数,误差在 −25% 左右;Cavallini

和 Dosbon 公式则高估了传热系数,误差分别在+10％和+25％以内;传热系数实验值与 Palen 公式预测值基本一致。这就说明采用热阻分离法同样可以得到管内的局部冷凝传热系数。

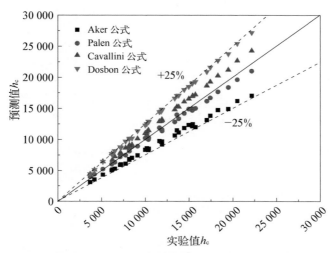

图 6-6　热阻分离法得到的光管管内传热系数实验值与预测值的比较

　　管内冷凝的两相流压降也是设计冷凝器时必须考虑的因素,因为这关系到整个系统所耗费的能量。目前预测两相流压降最为准确的有 Grönnerud 模型、Friedel 模型、Müller - Steinhagen 模型以及 Laohalertdecha 模型。除 Müller - Steinhagen 模型外,其余模型的两相流摩擦压降梯度均为单相流压降梯度与两相流因子的乘积,如式(6-19)所示。

$$\frac{\mathrm{d}p}{\mathrm{d}z} = \left(\frac{\mathrm{d}p}{\mathrm{d}z}\right)_{\mathrm{lo}} \cdot \phi_{\mathrm{lo}}^2 \tag{6-19}$$

式中,ϕ_{lo} 为两相流因子。

　　Grönnerud 模型的两相流因子为

$$\phi_{\mathrm{lo}} = 1 + \left(\frac{\mathrm{d}p}{\mathrm{d}z}\right)_{Fr} \left[\frac{(\rho_1/\rho_v)}{(\mu_1/\mu_v)} - 1\right] \tag{6-20}$$

式中,Fr 为弗劳德数。

　　Friedel 模型可通过下式计算两相流因子:

$$\phi_{\mathrm{lo}}^2 = C_{F1} + \frac{3.24 \cdot C_{F2}}{Fr^{0.045} \cdot We^{0.035}} \tag{6-21}$$

式中,C_{F1}、C_{F2}为系数;We为韦伯数。

Laohalertdecha模型采用式(6-22)计算两相流因子,C的取值范围为5~20:

$$\phi_1^2 = 1 + \frac{C}{X_{tt}} + \frac{1}{X_{tt}^2} \qquad (6-22)$$

式中,X_{tt}为马丁内利数,无量纲气相速度。

图6-7为两相流压降梯度实验值与预测值的比较,由图可知除Müller-Steinhagen模型高估了实验值30%之外,Grönnerud、Friedel及Laohalertdecha模型的预测值与实验值都比较接近,充分说明实验装置能较准确地测试出管内冷凝时的两相流压降。

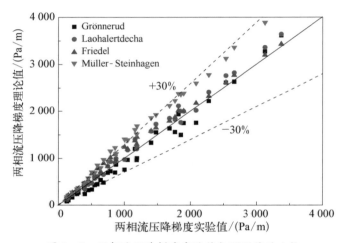

图6-7 两相流压降梯度实验值与预测值的比较

6.3 内波外螺纹管管内冷凝强化性能

6.3.1 传热系数的强化

1. 节距对传热特性的影响

图6-8(a)为冷凝传热系数随干度的变化趋势。由图可知各管管内传热系数均随干度的增大而增大,这是因为当总质量通量一定时,干度越大液体的质量分数就越小则液膜厚度也越薄,从而可以减小传热热阻。另外,干度越大意味着气液分界面处的气相流速越大,导致气液速度差形成界面剪切力可以进一步减薄液膜厚度。同时在相同干度时内波外螺纹管的传热系数也要高于光管,这是因为内波外螺纹管中的液膜除了沿主流方向运动外,由于受到螺旋

凸起的阻碍,会产生螺旋流动使液膜顺着凸起脱离冷凝壁面,从而减薄液膜厚度。此外螺旋凸起除增加蒸汽的湍流强度外,还可以引起液膜的扰动,从而增强液膜中的热传导过程。从图中还可以发现节距越小,内波外螺纹管的强化冷凝效果越明显,这是因为换热管长度一定时,节距越小螺旋凸起的数量就越多,所造成的扰动就越多,液膜减薄效果就越明显。图 6-8(b)为传热系数随质量通量的变化趋势。由图可见在所有的质量通量下,内波外螺纹管的传热系数均高于光管且节距越小强化效果越明显,原因和前面阐述的类似。同时各管的传热系数均随着质量通量的增大而增大,和强制对流类似的是,内波外螺纹管相对于光管的强化因子却随着质量通量的增大而逐渐减小。当质量通量一定、干度最小时,1 号管的最大强化倍数为光管的 2.31 倍,2 号管为 2.25 倍,3 号管最小为 2.08 倍。而干度一定、质量通量最小时,1 号、2 号和 3 号管的最大强化倍数分别为光管的 3.45 倍、3.23 倍和 2.97 倍。

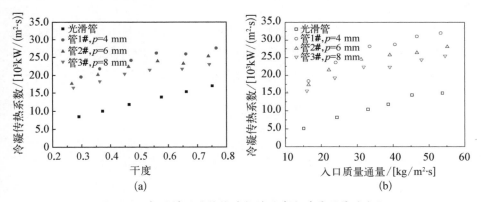

图 6-8 相同槽深时传热系数随干度和质量通量的变化

2. 槽深对传热特性的影响

图 6-9(a)和图 6-9(b)分别为相同节距时传热系数随干度和质量通量的变化图。和前文研究结果类似,内波外螺纹管的传热系数均要高于光管,且槽深越深强化效果越明显,这是因为槽越深对流体的阻碍作用越大,液膜受到的拉拽力越大形成的螺旋流强度也越大,对液膜的减薄效果越明显。同时内波外螺纹管的传热系数和光管一样,均随着干度和质量通量的增大而增大,但强化因子却逐渐减小。质量通量一定、干度最小时,5 号管的最大强化因子为光管的 2.83 倍,4 号管为 1.81 倍。干度一定、质量通量最小时,5 号管和 4 号管的最大强化因子分别为光管的 4.43 和 2.47 倍。另外不同槽深内波外螺纹管传热系数的差值也比不同节距时的差值大,这说明槽深对管内冷凝的影响更大。

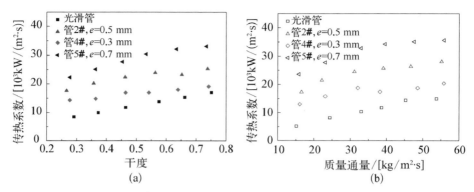

图 6-9　相同节距时传热系数随干度和质量通量的变化

　　内波外螺纹管的管内冷凝传热系数不仅与内波外螺纹管的结构参数有关,还与蒸汽的质量通量和干度相关,这里引入等效雷诺数 Re_{eq} 的概念可以同时考虑这两个因素的影响,如式(6-23)所示。将冷凝传热系数拟合成关于 Re_{eq} 数、Pr 数及结构参数 p/d_i、e/d_i 的函数,最终得到式(6-24)。图 6-10 为传热系数实验值和该拟合公式计算值的比较,可以看出实验值与预测值的误差在 $\pm20\%$ 以内,说明利用该公式可以较准确地求出内波外螺纹管的管内冷凝传热系数。

$$Re_{eq}=Re_l+Re_v\left(\frac{\mu_v}{\mu_l}\right)\left(\frac{\rho_l}{\rho_v}\right)^{0.5} \tag{6-23}$$

$$h_c=0.096\cdot Re_{eq}^{0.989}Pr^{0.33}\left(\frac{p}{d_i}\right)^{-0.239}\left(\frac{e}{d_i}\right)^{0.668}\left(\frac{\lambda}{d_i}\right) \tag{6-24}$$

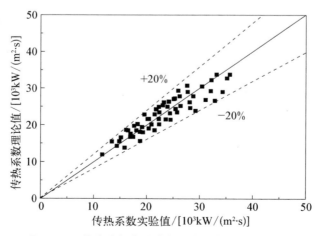

图 6-10　传热系数实验值与拟合公式预测值的对比

6.3.2　流阻特性研究

1. 节距对流阻特性的影响

研究两相流的流阻特性主要有两种表征手段,一是采用和单相流类似的两相流摩擦因子;二是采用两相流摩擦压降梯度,即摩擦压降除以管长,本节采用后者进行分析。图 6-11[(a)(b)]分别展示了槽深相同时压降梯度随干度和质量通量的变化趋势。可以看出光管和内波外螺纹管的压降梯度均随干度和质量通量的增大而增大,原因是当质量通量一定时,干度越大气相质量分数就越高,气相速度就越大,气液界面剪切力就越大,且气相速度越大时二次流的强度也越强,这样就会促进液滴的夹带和再沉积过程。增加质量通量也同样可以增加气相质量和流速,从而使压降梯度增大。从中还可看出,所有内波外螺纹管的压降梯度均要高于光管,但随着干度和质量通量的提高,压降增大因子逐渐减小,这主要是因为随着气液混合物轴向动量的增大,二次流的强度逐渐减弱。节距越小压降梯度也越大,当质量通量约为 $40\,\mathrm{kg/(m^2 \cdot s)}$ 且干度最小时,节距最小的 1 号管压降增大因子最大为光管的 4.05 倍,其次是 2 号管为 3.90 倍,3 号管最小为 3.61 倍。当干度约为 0.5 且质量通量最小时,1 号管最高增大因子为光管的 3.89 倍,2 号管为 3.74 倍,3 号管为 3.47 倍。

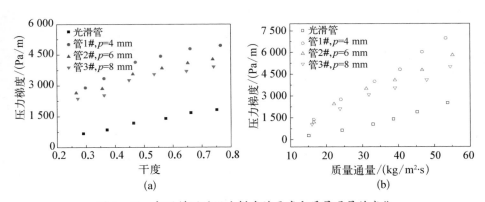

图 6-11　相同槽深时压力梯度随干度和质量通量的变化

2. 槽深对流阻特性的影响

图 6-12(a)和 6-12(b)分别为相同节距时压力梯度随干度和质量通量的变化图,可以观察到压降梯度的变化趋势和传热系数的趋势完全一致,即随着干度和质量通量的增大而增大。对比图(a)和(b)还可以发现,压降随质量通量的增长速度要明显大于随干度的增长速度。同时槽深越大的内波外螺纹管压降增大因子就越

大,这是由于槽深越大作用于凸起表面流场的拖拽力就越大,流通截面积缩小得越大阻塞作用就越明显,形成的二次旋流强度就越高。当质量通量一定干度最小时,5 号管的最高增大因子为光管的 4.86 倍,4 号管最小为 2.92 倍。而干度一定质量通量最小时,5 号和 4 号管的增大因子分别为光管的 5.75 和 3.93 倍。另外对比不同节距和槽深时压降梯度的差值可以发现,同样是槽深对压降的影响较大。

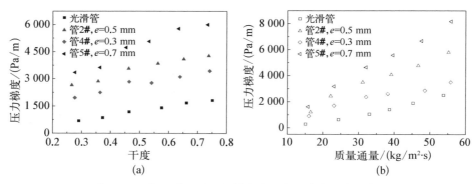

图 6-12 相同槽深时压力梯度随干度和质量通量的变化

参照文献的方法可以拟合得到摩擦压降梯度关于等效雷诺数 Re_{eq}、等效质量通量 G_{eq} 及内波外螺纹管结构参数的函数,如式(6-25)所示,注意该式的第一项即为两相流的达西摩擦因子 f_{tp},下标 tp 是指两相流。式中 G_{eq} 同时考虑了干度和质量通量的影响,其定义式为(6-26)。图 6-13 为压力梯度实验值与预测值的比较,看出两者的误差在 ±30% 以内,说明该公式能很好地预测内波外螺纹管内的两相流压降。

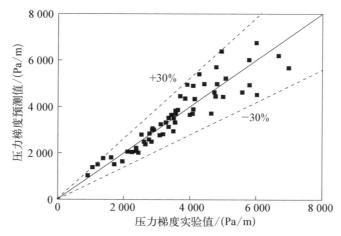

图 6-13 压力梯度实验值和拟合公式预测值的对比

$$\frac{\mathrm{d}p}{\mathrm{d}z} = \left[38.449 \cdot Re_{\mathrm{eq}}^{-0.269} \left(\frac{p}{d_{\mathrm{i}}} \right)^{-0.156} \left(\frac{e}{d_{\mathrm{i}}} \right)^{0.742} \right] \cdot \frac{G_{\mathrm{eq}}^2}{2d_{\mathrm{i}}\rho_{\mathrm{l}}} \qquad (6-25)$$

$$G_{eq} = G \cdot \left[(1-x) + x \left(\frac{\rho_{\mathrm{l}}}{\rho_{\mathrm{v}}} \right)^{0.5} \right] \qquad (6-26)$$

6.3.3　综合性能评价

使用综合性能评价因子 η 来表征内波外螺纹管对冷凝的综合强化效果，图 6-14 为综合评价因子随干度和质量通量的变化。可以看出当质量通量保持不变时，η 会随着干度的增大而减小，当干度较大时 4 号管甚至出现了 η 小于 1 的情况。在相同干度时 5 号管的 η 值最大，4 号管的 η 值最小，说明 η 的变化规律和传热、流阻特性一致，即节距的减小和槽深的增大都会提高 η 值，质量通量等于 40 kg/（m² · s）时 5 号管的 η 变化范围为 2.24～1.39。同时还发现 η 也会随着质量通量的增大而减小，这说明 η 会随着管内蒸汽流速的增加而减小，是因为无论是提高干度还是总的质量通量，最终都会提高蒸汽的质量分数从而增大蒸汽流速，这也间接说明了 η 只有在冷凝传热过程较弱即冷凝传热系数较小时才会出现最大值，此时的内波外螺纹管综合传热性能最好。

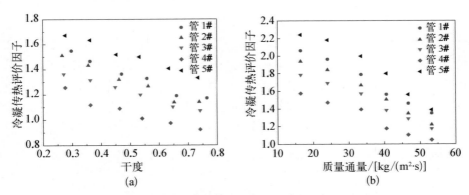

图 6-14　管内冷凝传热的综合评价因子随干度和质量通量的变化

6.4　不凝气对内波外螺纹管管内冷凝特性的影响研究

6.4.1　混合气进口条件的影响

1. 进口不凝气含量对混合气冷凝特性的影响

图 6-15 为 1 号和 5 号管内波外螺纹管内冷凝传热系数随进口不凝气质

量分数的变化趋势。图中的每条曲线均模拟出了混合气沿管长逐步冷凝时传热系数的变化,由图可知不同进口不凝气含量下的变化趋势完全相同,每条曲线的初始值都较高,且该值几乎与进口不凝气含量无关,这是由于刚开始冷凝时不凝气积聚地较少,还不足以影响传热系数。与光管类似,传热系数会逐步减小,原因是随着冷凝的进行,不凝气膜和冷凝液膜均逐渐增大。另外对比1号管和5号管可以发现传热系数的变化趋势几乎完全一样仅仅是5号管的数值更大,但在冷凝的最后阶段两者的差值基本可以忽略。

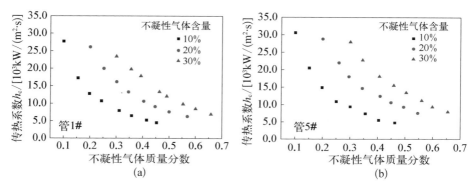

图 6-15　1 号和 5 号管中不凝气质量分数对传热系数的影响

2. 进口质量通量对混合气冷凝特性的影响

保持不凝气浓度不变,只改变混合气质量通量时传热系数的变化图如图 6-16 所示。从该图可以看出质量通量增加可以显著提高传热系数,这是因为较高的气体流速会产生更大的界面剪切力,可以同时减薄液膜和气膜厚度。但是从中等质量通量增加到较高通量时,传热系数的增量却小于从较低通量增加到中等通量时的增量,这是由于当气体流量较大时再增加流量对液

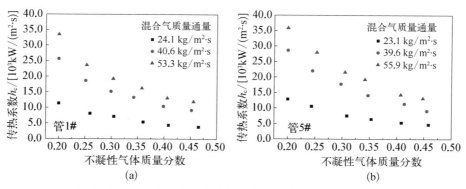

图 6-16　1 号和 5 号管中混合气质量通量对传热系数的影响

膜传热和气膜传质的强化作用都会减弱,说明通过提高混合气流量增加传热系数的方法仅在传热系数较小时才有较好的效果。通过增加预冷器的传热量,可使混合气干度减小,在不凝气质量流量不变的情况下,不凝气的含量会逐渐增大,从图中可看出传热系数随着不凝气含量的增加而减小,但减小的趋势逐渐变缓,这主要是因为较高不凝气含量时冷凝过程的传热量较小。另外 5 号管中传热系数的下降速率要略高于 1 号管,这源于其更高的传热能力,进而导致不凝气浓度和气膜厚度增长较快。

3. 进口压力对混合气冷凝特性的影响

水蒸气和空气质量流量保持不变时传热系数随系统压力的变化趋势如图 6 - 17 所示。与光管的情况类似,压力越大冷凝传热系数越小,这是由于压力越大对应的蒸气饱和温度越高,与冷凝壁面的温差越大传热量就越大,不凝气浓度和液膜厚度增长速率就越快,进而导致传热量的增加幅度要小于传热量的增长幅度。同时不凝气浓度较低时压力越高,传热系数随不凝气浓度下降的速度也略快,同样是因为此时的传热量较大,但这一趋势表现得不太明显。随着不凝气含量的增加,传热系数的降低速率逐渐减小,尤其是当压力较小时,这说明传热量沿管轴向是逐渐减小的,压力越小传热量的轴向变化越明显。另外还可以注意到压力变化对 5 号管的影响更大,表现为不同压力时传热系数的差值略大于 1 号管,也是因为 5 号管的传热能力更强,对压力的变化更敏感。

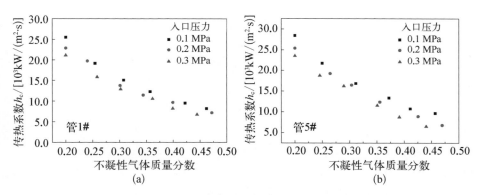

图 6 - 17　1 号和 5 号管中混合气质量通量对传热系数的影

6.4.2　内波外螺纹管结构参数对冷凝的影响

1. 节距对混合气冷凝特性的影响

内波外螺纹管的节距对混合气冷凝传热的影响如图 6 - 18 所示,图 6 - 18

(a)中不凝气含量为 10%,图 6 - 18(b)中不凝气含量为 30%。显然两幅图的基本趋势一致,即传热系数均随着不凝气含量的增大而减小,且减小的速度越来越小。但也存在一些不同点,在进口不凝气含量较小时,传热系数首先因为不凝气含量的增大而迅速降低,随后其减小速度再趋于平缓;当进口不凝气含量较高时传热系数的变化趋势较为平稳,这是因为进口不凝气浓度较高意味着冷凝传热能力却弱,混合气中水蒸气流量的减小速率和冷凝液膜、不凝气膜的增厚速率就越慢。节距越小的内波外螺纹管具有较高的传热系数,因而传热系数的下降速率也略快,但当不凝气含量较大时,节距不同的各内波外螺纹管间的传热系数差值不大。

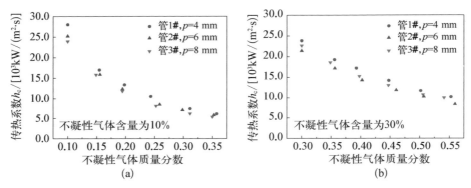

图 6 - 18　不同不凝气浓度下节距对传热系数的影响

2. 槽深对混合气冷凝特性的影响

不同质量通量条件下内波外螺纹管的槽深对冷凝传热系数的影响规律如图 6 - 19 所示,图中不凝气的进口含量均为 30%,图 6 - 19(a)和(b)中的质量通量分别为 25 kg/(m² · s)和 40 kg/(m² · s)。由于进口不凝气含量较高,图(a)与图(b)中的传热系数没有出现突然大幅下降的现象。槽深最深的 5 号管具有最高的传热系数,且传热系数随不凝气含量增大而下降的速率也最快。较低通量条件时,进口处 5 号管传热系数是 4 号管的 1.68 倍,当含量增大到 55% 时,5 号管与 4 号管的比值下降到 1.52。较高通量条件下,5 号管和 4 号管传热系数的比值从 1.69 减小到 1.55,说明提高质量通量对内波外螺纹管的强化效果影响有限。另外在两种不同通量条件下,槽深不同的各内波外螺纹管间传热系数差值较大,虽然随着不凝气含量的增大该差值逐渐缩小但仍不可忽略,这说明有无不凝气的存在,均是槽深对管内冷凝的影响较大。

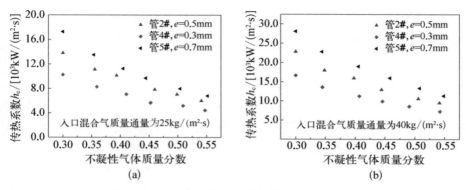

图 6-19　不同质量通量下槽深对传热系数的影响

6.4.3　混合蒸气在水平光管和内波外螺纹管内冷凝的对比分析

前面两小节采用间接测量法获取了混合蒸气在内波外螺纹管内的冷凝传热特性，通过该法还可以获得冷凝传热系数随不凝气含量的变化规律。但由于内波外螺纹管的传热能力远高于光管，相同不凝气含量时冷凝管上所处的轴向位置距离较大，不便于比较光管和内波外螺纹管冷凝能力的差别，因此采用比较管内平均传热系数的方法可以更直观地对比分析混合蒸气在水平光管和内波外螺纹管内的冷凝传热能力。

平均传热系数和传热量随进口不凝气含量的变化图如图 6-20 所示。由图可知，传热系数和传热量均随不凝气含量的增大而减小，在该工况下光管、1 号管和 5 号管传热系数分别下降 28.37％、18.04％和 17.31％，而传热量则分别下降 21.28％、16.42％和 15.67％，显然内波外螺纹管传热系数和传热量的下降幅度相对较小。

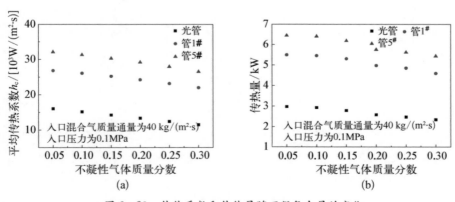

图 6-20　传热系数和传热量随不凝气含量的变化

内波外螺纹管的传热性能下降幅度较小主要是由于其内壁面存在螺旋凸起,使冷凝液膜和不凝气膜生成旋流,破坏了气膜的稳定,降低了气膜的传质热阻。同时还可以发现不凝气含量为5%时,5号管传热系数为光管的2倍,而当不凝气含量增加到30%时,强化倍数增至2.31倍,4号管的强化倍数则从1.67倍增至1.91倍,这说明不凝气含量越高则内波外螺纹管的强化效果越好。由于不凝气含量较高时气膜热阻变成主要热阻,此时的气膜厚度较大,内波外螺纹管的壁面螺旋凸起对不凝气膜层的扰动效果更为明显。

当不凝气含量为5%时,5号管的传热量为光管的2.17倍,不凝气含量为30%时强化倍数变为2.32倍,同样4号管的强化倍数从1.85增加到1.96倍。虽然传热量的强化因子会随不凝气含量的增加而增大,但增大的幅度却有限,这是因为冷凝过程的传热量由总传热系数决定,总传热系数由管外对流传热热阻、管壁热阻和管内冷凝热阻所决定,在对流传热热阻和管壁热阻基本不变的情况下,单独降低管内冷凝热阻对提高总传热系数的效果有限,因此传热量的增幅有限。

传热系数和传热量随混合气质量通量的变化趋势如图6-21所示。由图可见,冷凝传热系数和传热量均随质量通量的增大而增大,该实验工况下,光管、1号管和5号管传热系数分别增加了2倍、3.23倍和3.25倍,而传热量则分别增加了19.56%、29.44%和31.66%,显然内波外螺纹管传热系数和传热量的增长幅度要高于光管。当质量通量最小时,5号管传热系数分别为光管和4号管的1.64倍和1.17倍,传热量分别是光管和4号管的1.95倍和1.12倍。当质量通量达到最大值时,5号管传热系数相对于光管和4号管的强化倍数为1.99倍和1.17倍,传热量的强化倍数为2.14倍和1.14倍。可以看出提高质

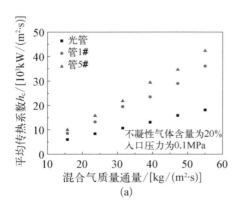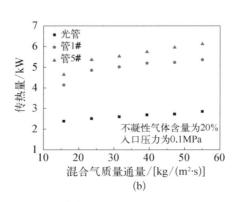

图6-21 传热系数和传热量随混合气质量通量的变化

量通量可以增大 5 号管传热系数和传热量相对光管的强化倍数,而对 5 号管相对 4 号管的强化因子无太大影响。这说明气液分界面剪切力对内波外螺纹管内液膜和气膜的减薄效应要明显高于光管,是因为光管内剪切力的方向仅能沿轴向,而在内波外螺纹管内由于受到螺旋凸起的阻碍作用,剪切力方向发生改变会使气膜产生旋转,从而破坏不凝气膜的稳定性。

　　也可以通过比较不同参数沿冷凝管轴向的分布曲线来间接比较光管和内波外螺纹管的传热能力。光管和内波外螺纹管的气相主体温度沿管轴向的变化曲线如图 6 - 22 所示,该温度可通过热电偶直接测量得到。由图可见主体温度沿轴向逐渐降低,根据前文的分析可知主体温度实际对应的是水蒸气的饱和温度,饱和温度越低水蒸气所占分压就越小,不凝气的含量就越高。图中 5 号管的主体温度相比光管迅速降低,这说明气相主体区的不凝气浓度增长速率要高于光管,可以预计的是内波外螺纹管传热能力沿轴向的下降速率要高于光管。同时 5 号管的下降幅度和速率均大于 4 号管,说明传热能力越强沿轴向的下降速率就越快。

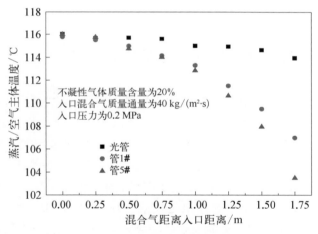

图 6 - 22　光管和内波外螺纹管内的气相主体温度

　　根据壳程冷却水温差计算得到的传热量沿轴向的分布规律如图 6 - 23 所示,本章主要研究内波外螺纹管和光管传热性能的差别,因而可以忽略换热管下部的传热,仅测量上部壳程冷却水温度。由图可见内波外螺纹管的传热量明显高于光管,因而混合气中蒸气流量的减小速率就越大,表现为图 6 - 22 中内波外螺纹管的主体温度下降幅度较大。另外沿混合气流动方向,内波外螺纹管的传热量逐渐下降且降低速率逐渐增大,而光管的下降速率和幅度较小,这说明传热能力越强时,其传热性能沿轴向的恶化速率越快,主要因为传热量越大,蒸气流量减小得就越快,从而导致饱和温度降低速度、主体区不凝气浓度增大速率、不凝气膜和冷液膜厚度增长速率也较快。

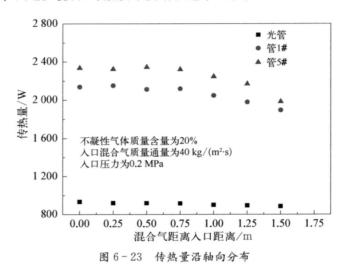

图 6-23　传热量沿轴向分布

6.5　内波外螺纹管内混合气冷凝的传热分析

在分析含不凝气体蒸气冷凝的传热传质特性基础上,建立了混合气管内冷凝传热模型,本节利用该模型对内波外螺纹管的冷凝特性进行数值分析。通过模拟可对传热特性的影响因素进行分析,得到传热系数随不凝气含量、混合气流量和压力的变化规律。通过数值计算的方法可以得到实验手段无法获取的参数沿管轴向的分布规律,如气相主体区的不凝气含量、冷凝传热系数的热阻组成等。同时通过分析热阻沿轴向的变化规律,可进一步研究传热特性沿管长逐渐下降的内在原因,揭示内波外螺纹管强化混合蒸气冷凝的机理。

6.5.1　传热特性轴向分布规律

由于无法准确地测出内波外螺纹管的管壁温度,通过实验的手段无法分析传热系数沿轴向的分布规律,因而本节通过通用冷凝模型的数值计算来研究内波外螺纹管传热特性沿轴向的变化趋势,获得蒸汽流量、不凝气浓度、气相温度、传热系数和热通量沿管长的变化趋势。

各内波外螺纹管内水蒸气质量流量沿管轴向的变化趋势如图 6-24 所

示,显然随着冷凝的进行,混合气中的不凝气含量会越来越小。同时还可看出
5 号管内的流量下降速度最快,根据实验研究可知 5 号管无论是内波外螺纹管
内对流还是冷凝都具有最高的强化因子,所以混合蒸气冷凝时,它也具备最大
的传热能力。

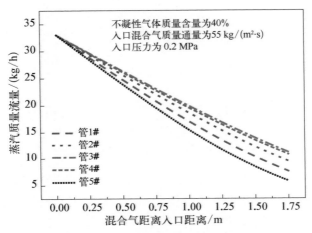

图 6-24　内波外螺纹管内水蒸气流量沿轴向变化趋势

　　蒸汽流量的降低会带来两方面影响:一是不凝性气体质量分数逐渐提
高,因为不凝气流量而使混合气的总流量在逐步减小,如图 6-25 所示,相对
应地同样是 5 号管不凝气含量增长速度最快;二是气相主体温度的逐步降低,
是由于水蒸气的分压在逐渐减小,进而导致饱和温度降低,如图 6-26 所示,
依然是传热能力最强温度下降幅度和速度越大。

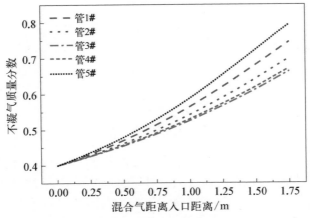

图 6-25　内波外螺纹管内不凝气质量分数沿轴向分布规律

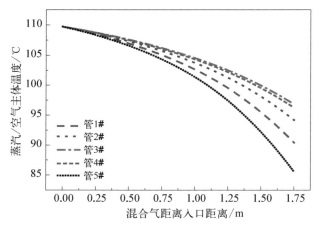

图 6-26　内波外螺纹管内主体温度沿轴向变化曲线

图 6-27 为各内波外螺纹管管内传热系数沿轴向的分布规律,在冷凝管入口处 5 号管传热系数最高而 4 号管最小,但两者均沿管轴向逐渐减小,且 5 号管的传热系数下降速度更快,所以两者差值越来越小。在靠近出口段 5 号管传热系数甚至低于 2 号和 3 号管。

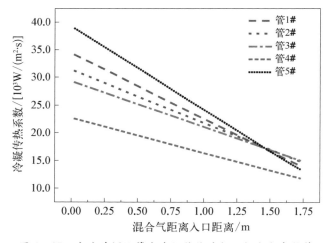

图 6-27　内波外螺纹管内冷凝传热系数沿轴向分布趋势

图 6-28 显示了各内波外螺纹管冷凝热通量沿管长的变化趋势,与传热系数的变化规律相一致,即热通量均沿管长逐渐减小,5 号管的下降速度也最快。这是因为热通量主要跟传热系数和温差有关,传热系数下降的同时气相主体温度也在下降必然会导致热通量的减小。

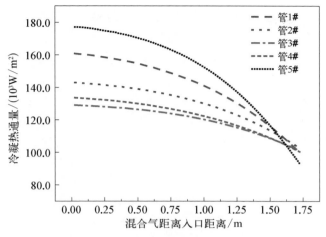

图 6-28　内波外螺纹管内热通量沿轴向变化规律

6.5.2　强化混合蒸气冷凝的机理探讨

通过实验研究可以发现,内波外螺纹管除了可以强化纯蒸汽的冷凝外,当存在不凝气时同样可以在内波外螺纹管内冷凝,甚至传热系数的强化因子会随不凝气含量的增加而略有增大,本节将从冷凝热阻组成的角度来探讨内波外螺纹管强化混合气冷凝的机理。

进口不凝气质量分数为 5％时光管内冷凝传热系数 h_c、气膜潜热传热系数 h_{cd} 及液膜传热系数 h_f 沿管长的分布规律如图 6-29 所示,气膜显热传热系数 h_s 较小可以忽略。从图 6-29(b)可以看出不凝气含量较小时,h_{cd} 比 h_f 大一

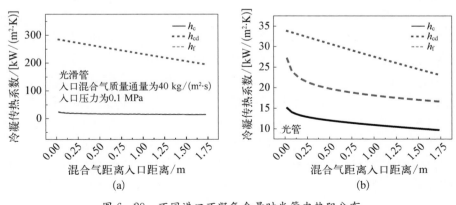

图 6-29　不同进口不凝气含量时光管内热阻分布

个数量级,此时液膜热阻是主要传热热阻;当不凝气含量增加到40%时,虽然h_{cd}仍大于h_f,但没有数量级的差别,此时冷凝传热系数的数值由h_{cd}和h_f共同决定。图6-30为5号内波外螺纹管内h_c、h_{cd}和h_f的变化趋势,可以看出基本规律和光管中类似,仅具体数值不同,不凝气含量较小传热由液膜热阻控制,含量较高则由气膜和液膜热阻共同控制。另外从图6-30(a)和(b)可进一步看出冷凝传热系数沿管轴向下降的内在原因,进口不凝气含量较小时,随着冷凝的进行冷凝液膜厚度逐渐增厚,h_f的下降是导致h_c降低的主要原因。而不凝气含量较高时,除h_f的下降外,不凝气膜逐渐增厚引起h_{cd}的下降也同样导致了h_c的下降。

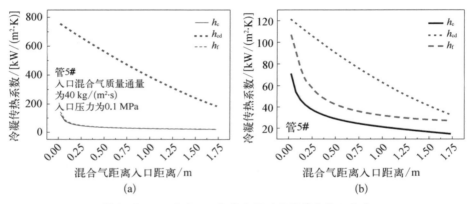

图6-30 不同进口不凝气含量时5号管内热阻分布

5号管内各传热系数的强化因子沿管长的变化规律如图6-31所示。图6-31(a)中进口不凝气含量为5%,此时h_c的强化因子与h_f强化因子基本相重合,将这些强化因子沿管长取算术平均值,h_c的平均强化因子为1.88,h_f的平均强化因子为1.86,h_{cd}的平均强化因子为1.69,此时强化混合蒸气冷凝的主要原因是管内的螺旋凸起破坏了冷凝液膜,从而提高了液膜传热系数。而当不凝气含量增加到40%时,由图6-31(b)可以看出h_c的强化因子比h_f强化因子略大,因为此时气膜热阻成为控制热阻,h_{cd}的提高同样使h_f增加。h_c的平均强化因子为2.23,h_{cd}的平均强化因子为2.45,h_f的平均强化因子为1.97,可见随着不凝气含量的增大,冷凝传热系数强化因子也会随之增大,这主要是因为内波外螺纹管内的螺旋凸起除了可以破坏冷凝液膜提高液膜传热系数外,还可以破坏不凝气膜的稳定性提高气膜的潜热传热系数,不凝气含量越高气膜热阻越大,破坏气膜的强化效应就越明显。

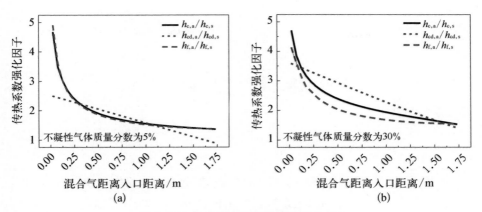

图 6-31　5 号管传热系数强化因子分布

参 考 文 献

[1] 林宗虎,汪军,李瑞阳,等.强化传热技术.北京：化学工业出版社,2007.

[2] 赵起,林纪方.滴状冷凝工业应用研究进展.化工进展,1991,42(2)：
      17‒20.

[3] Qi Baojin，Zhang Li，Xu Hong，et al. Experimental study on
      condensation heat transfer of steam on vertical titanium plates with
      different surface energies. Experimental Thermal and Fluid Science，
      2011，35(1)：211‒218.

[4] Lan Zhong，Ma Xuehu，Wang Sifang，et al. Effects of surface free
      energy and nanostructures on dropwise condensation. Chemical
      Engineering Journal，2010，156：546‒552.

[5] 何平,王立业,王浩然,等.复合沉积(PTFE)表面强化冷凝传热的实验
      研究.化工学报,2000,51(增刊)：330‒334.

[6] Koch G，Zhang D G，Leipertz A. Sturdy on plasma enhanced CVD
      coated matetrial to promote dropwise condensation of steam.
      International Journal of Heat and Mass Transfer，1998，41(13)：
      1899‒1906.

[7] Rausch M H，Leipertz A，Fröba A P. Dropwise condensation of steam
      on ion implanted titanium surfaces. International Journal of Heat and
      Mass Transfer，2010，53：423‒430.

[8] Rausch M H，Fröba A P，Leipertz A. Dropwise condensation heat
      transfer on ion implanted aluminum surfaces. International Journal of
      Heat and Mass Transfer，2008，51：1061‒1070.

[9] Kananh A，Rausch M H，Fröba A P，et al. Experimental study of
      dropwise condensation on plasma-ion implanted stainless steel tubes.
      International Journal of Heat and Mass Transfer，2006，49：5018‒

5026.

[10] Zhao Qi, Zhang Dongchang, Lin Jifang. Surface materials with dropwise condensation made by ion implantation technology. International Journal of Heat and Mass Transfer, 1991, 34: 2833 - 2835.

[11] 杜长海,马学虎,徐敦顺.聚四氟乙烯表面上实现水蒸气滴状冷凝的研究.东北电力学院学报,2000,20(2): 10 - 13.

[12] Schreiber F. Structure and growth of self-assembling monolayer. Progress in surface science, 2000, 65: 151 - 256.

[13] Das A K, Kihy H P, Marto P J. Dropwise condensation of steam on horizontal corrugated tubes using an organic self-assembled monolayer coating. Enhanced heat transfer, 2000, 7: 109 - 123.

[14] 胡友森,黄渭堂,隋海明.波槽管管外 PTFE 涂层滴状冷凝换热实验研究.应用科技,2007,34(5): 42 - 45.

[15] Briggs A, Rose J W. An evaluation of models for condensation heat transfer on low-finned tubes. Enhanced Heat Transfer, 1999, 6: 51 - 60.

[16] Shah R K, Zhou S Q, Tagavi K A. The role of surface tension in film condensation in extended surface passage. Enhanced Heat Transfer, 1999, 6: 179 - 216.

[17] Yang C Y. A critical review of condensation predicting model effects of surface tension force. Enhanced Heat Transfer, 1999, 6: 217 - 236.

[18] Shan R K. Condensation in extended surface passages. Enhanced Heat Transfer, 1999, 6: 179 - 212.

[19] Das A K. Effect of fin height on condensation. Enhanced Heat Transfer, 1999, 6: 237 - 250.

[20] 耿建军,王世平,张正国,等.非共沸混合物在强化管管束外冷凝的实验研究.华南理工大学学报(自然科学版),1997,25(9): 125 - 130.

[21] 张正国,林培森,王世平.花瓣形翅片管的开发及其纵向冲刷冷凝强化传热的研究.石油化工设备,1996,3: 3 - 6.

[22] 张正国,王世平,林培森.强制对流冷凝传热强化.化学工程,1998,3: 18 - 21.

[23] 张正国,王世平,林培森.花瓣形翅片管的强化传热研究概况.石油化工

设备,1997,4：11-14.

[24] 周兴求,王世平,邓颂九.双组分混合物自然对流冷凝传热的研究.华南理工大学学报(自然科学版),1996(8)：79-84.

[25] 赵晓曦,邓先和,陆恩锡.菱形翅片管的强化传热特性.化工科技,2002,10(5)：1-3.

[26] 赵晓曦,邓先和,陆恩锡.空心环支承菱形翅片管油冷凝器传热性能.石油化工设备,2003,32(1)：1-3.

[27] Gregorig R. Hautkondensation an feingewellten Oberflächen bei Berücksichtigung der Oberfl? chenspannungen. Zeitschrift für Angewandte Mathematik und Physik (ZAMP), 1954, 5(1)：36-49.

[28] Muzzio A, Niro A, Garavaglia M. Flow patterns and heat transfer coefficients in flow-boiling and convective condensation of R22 inside a microfin tube of new design. 11th Heat Transfer Conference, 1998, 2：291-296.

[29] Liebenberg L, Thome J R, Meyer J P. Flow visualization and flow pattern identification with power spectral density distributions of pressure traces during refrigerant condensation in smooth and microfin tubes. Journal of Heat Transfer, 2005, 127(3)：209-220.

[30] Cavallini A, Del Col D, Doretti L, et al. A new computational procedure for heat transfer and pressure drop during refrigerant condensation inside enhanced tubes. Journal of Enhanced Heat Transfer, 1999, 6(6)：441-456.

[31] Yu Y, Koyama S. Condensation heat transfer of pure refrigerants in micro-fin tubes. Proceedings of the 1998 International Refrigeration Conference, 1998：325-330.

[32] Naulboonrueng T, Kaewon J, Wongwises S. Two-phase condensation heat transfer coefficients of HFC-134a at high mass flux in smooth and micro-fin tubes. International communications in heat and mass transfer, 2003, 30(4)：577-590.

[33] Olivier J A, Liebenberg L, Kedzierski M A, et al. Pressure drop during refrigerant condensation inside horizontal smooth, helical microfin, and herringbone microfin tubes. Journal of Heat transfer, 2004, 126(5)：687-696.

[34] Miyara A, Otsubo Y, Ohtsuka S, et al. Effects of fin shape on condensation in herringbone microfin tubes. International journal of refrigeration, 2003, 26(4): 417–424.

[35] Dong Yang, Li Huixiong, Chen Tingkuan. Pressure drop, heat transfer and performance of single-phase turbulent flow in spirally corrugated tubes. Experimental Thermal and Fluid Science, 2001, 24 (3): 131–138.

[36] Zimparov V. Enhancement of heat transfer by a combination of three-start spirally corrugated tubes with a twisted tape. International Journal of Heat and Mass Transfer, 2001, 44(3): 551–574.

[37] Zimparov V. Enhancement of heat transfer by a combination of a single-start spirally corrugated tubes with a twisted tape. Experimental Thermal and Fluid Science, 2002, 25(7): 535–546.

[38] Vicente P G, Garcia A, Viedma A. Mixed convection heat transfer and isothermal pressure drop in corrugated tubes for laminar and transition flow. International communications in heat and mass transfer, 2004, 31(5): 651–662.

[39] Vicente P G, Garcia A, Viedma A. Experimental investigation on heat transfer and frictional characteristics of spirally corrugated tubes in turbulent flow at different Prandtl numbers. International Journal of Heat and Mass Transfer, 2004, 47(4): 671–681.

[40] Naphon P, Nuchjapo M, Kurujareon J. Tube side heat transfer coefficient and friction factor characteristics of horizontal tubes with helical rib. Energy conversion and management, 2006, 47 (18): 3031–3044.

[41] Pethkool S, Eiamsa-Ard S, Kwankaomeng S, et al. Turbulent heat transfer enhancement in a heat exchanger using helically corrugated tube. International Communications in Heat and Mass Transfer, 2011, 38(3): 340–347.

[42] Darzi A A R, Farhadi M, Sedighi K. Experimental investigation of convective heat transfer and friction factor of Al_2O_3/water nanofluid in helically corrugated tube. Experimental thermal and fluid science, 2014, 57: 188–199.

[43] Mehta M H, Rao M R. Heat transfer and frictional characteristics of spirally enhanced tubes for horizontal condensers. Advances in Enhanced Heat Transfer, 1979: 11-21.

[44] Zimparov V D, Vulchanov N L, Delov L B. Heat transfer and friction characteristics of spirally corrugated tubes for power plant condensers-1: Experimental investigation and performance evaluation. International journal of heat and mass transfer, 1991, 34(9): 2187-2197.

[45] Dreitser G A, Levin E S, Mikhailov A V. Intensification of heat transfer in the condensation of water vapor on horizontal tubes with annular grooves. Journal of engineering physics, 1988, 55(5): 1263-1267.

[46] Fernández-Seara J, Uhía F J. Heat transfer and friction characteristics of spirally corrugated tubes for outer ammonia condensation. International Journal of Refrigeration, 2012, 35(7): 2022-2032.

[47] Laohalertdecha S, Wongwises S. The effects of corrugation pitch on the condensation heat transfer coefficient and pressure drop of R-134a inside horizontal corrugated tube. International Journal of Heat and Mass Transfer, 2010, 53(13): 2924-2931.

[48] Laohalertdecha S, Wongwises S. Condensation heat transfer and flow characteristics of R-134a flowing through corrugated tubes. International Journal of Heat and Mass Transfer, 2011, 54(11): 2673-2682.

[49] Khoeini D, Akhavan-Behabadi M A, Saboonchi A. Experimental study of condensation heat transfer of R-134a flow in corrugated tubes with different inclinations. International Communications in Heat and Mass Transfer, 2012, 39(1): 138-143.

[50] Utaka Y, Wang Shixue. Characteristic curves and the promotion effect of ethanol addition on steam condensation heat transfer. International Journal of Heat and Mass Transfer, 2004, 47: 4507-4516.

[51] Hu Shenhua, Yan Junjie, Wang Jinshi, et al. Effect of temperature gradient on Marangoni condensation heat transfer for ethanol-water

mixtures. International Journal of Multiphase Flow, 2007, 33: 935 - 947.

[52] Murase T, Wang H S, Rose J W. Marangoni condensation of steam-ethanol mixtures on a horizontal tube. International Journal of Heat and Mass Transfer, 2007, 50: 3774 - 3779.

[53] Erb R A, Thelen E. Dropwise Condensation Characteristics of Permanent Hydrophobic Systems. US Off. Saline Water R&D Report, 1966.

[54] Woodruf D W, Westwater J W. Steam Condensation on Various Gold Surfaces. ASME J. Heat Transfer, 1981, 103: 683 - 692.

[55] O'Neil G A, Wastewater J W. Dropwise Condensation of Steamon Elect roplated Silver Surface. International Journal of Heat and Mass Transfer, 1984, 27(9): 1539 - 1549.

[56] Agrawal K N, Kumar A, Akhavan Behabadi M A, et al. Heat transfer augmentation by coiled wire inserts during forced convection condensation of R - 22 inside horizontal tubes. International journal of multiphase flow, 1998, 24(4): 635 - 650.

[57] Akhavan-Behabadi M A, Varma H K, Agarwal K N. Enhancement of heat transfer rates by coiled wires during forced convective condensation of R - 22 inside horizontal tubes. Journal of Enhanced Heat Transfer, 2000, 7(2): 69 - 80.

[58] Ma X, Briggs A, Rose J W. Heat transfer and pressure drop characteristics for condensation of R113 in a vertical micro-finned tube with wire insert. International communications in heat and mass transfer, 2004, 31(5): 619 - 627.

[59] Akhavan- Behabadi M A, Salimpoor M R, Kumar R, et al. Augmentation of forced convection condensation heat transfer inside a horizontal tube using spiral spring inserts. Journal of Enhanced Heat Transfer, 2005, 12(4): 373 - 384.

[60] Akhavan-Behabadi M A, Salimpour M R, Pazouki V A. Pressure drop increase of forced convective condensation inside horizontal coiled wire inserted tubes. International Communications in Heat and Mass Transfer, 2008, 35(9): 1220 - 1226.

[61] Royal J H，Bergles A E. Augmentation of horizontal in-tube condensation by means of twisted-tape inserts and internally finned tubes. Journal of Heat Transfer，1978，100(1)：17-24.

[62] Akhavan-Behabadi M A，Kumar R，Rajabi-Najar A. Augmentation of heat transfer by twisted tape inserts during condensation of R-134a inside a horizontal tube. Heat and Mass Transfer，2008，44(6)：651-657.

[63] Salimpour M R，Yarmohammadi S. Heat transfer enhancement during R-404A vapor condensation in swirling flow. International Journal of Refrigeration，2012，35(7)：2014-2021.

[64] 姜晓霞，沈伟. 化学镀理论及实践. 北京：国防工业出版社，2000.

[65] 杨世铭，陶文铨. 传热学. 3版. 北京：高等教育出版社，1998.

[66] Rose J W，Glicksman L R. Dropwise condenstion — The distribution of drop Size. J. heat mass transfer，1973，16(2)：411-425.

[67] Tanasawa. Dropwise condensation — the way to practical applications. Proceedings of the 6th International Heat Transfer Conference. 1978 (6)：393.

[68] Zhao Q，Burnsidea B M. Dropwise condensation of steam on ion implanted condenser surfaces. Heat Recovery Systems and CHP，1994，14(5)：525-534.

[69] Jopp J，Grull H，Yerushalmi-Rozen R. Wetting behavior of water droplets on hydrophobic microtextures of comparable size. Langmuir，2004(20)：10015-10019.

[70] 李东，陈怀宁，徐宏. 表面纳米化对 SS400 钢焊接接头应力腐蚀性能的影响. 焊接学报，2009，30(3)：65-68.

[71] Mishra A，Kad B K，Gregori F，et al. Microstructural evolution in copper subjected to severe plastic deformation：Experiments and analysis. Acta Materialia，2007，55：13-28.

[72] Gose E E，Mucciardi A N，Baer E. Model for dropwise condensation on randomly distributed sites. International Journal of Heat Mass Transfer，1967，10：15-22.

[73] Mousa A O. Modeling of heat transfer in dropwise condensation. International Journal of Heat and Mass Transfer，1998，41(1)：

81 - 87.

[74] Lan Z, Ma X H, Zhou X D, et al. Theoretical study of dropwise condensation heat transfer: effect of the liquid-solid surface free energy difference. Journal of Enhanced Heat Transfer, 2009, 16(1): 61 - 71.

[75] 钱柏太,沈自求.控制表面氧化法制备超疏水 CuO 纳米花膜.无机材料学报,2006,21(3): 747 - 752.

[76] Hou H, Xie Y, Li Q. Large-scale synthesis of single-crystalline quasi-aligned submicrometer CuO ribbons. Crystal Growth and Design, 2005, 5(1): 201 - 205.

[77] Zhang W, Wen X, Yang S, et al. Single-crystalline scroll-type nanotube arrays of copper hydroxide synthesized at room temperature. Advanced Materials, 2003, 15(10): 822 - 825.

[78] Yu H, Zhang Z, Han M, et al. A general low-temperature rute for large-scale fabrication of highly oriented ZnO nanorod/nanotube arrays. Journal of the American Chemical Society, 2005, 127: 2378 - 2379.

[79] Zhang Z, Yu H, Shao X, et al. Near-room-temperature production of diameter-tunable ZnO nanorod arrays through natural oxidation of zinc metal. Chemistry — A European Journal, 2005, 11: 3149 - 3154.

[80] Wu J M, Hayakawa S, Tsuru K, et al. Porous titania films prepared from interactions of titanium with hydrogen peroxide solution. Scripta Materialia., 2002, 46: 101 - 106.

[81] Wu J M. Low-temperature preparation of titania nanoords through direct oxidation of titanium with hydrogen peroxide. Journal of Crystal Growth, 2004, 269: 347 - 355.

[82] 兰忠,马学虎,周兴东,等.过渡状冷凝传热模型.化工学报,2006,57(11): 2536 - 2542.

[83] 张峰,黄楠.氧化钛薄膜的血液相容性研究.功能材料与器件学报,1997,3(1):47 - 54.

[84] 徐禄祥.Ti - O 薄膜的制备及其性能研究.成都: 西南交通大学,2005.

[85] Zhang L Z, Yu J C, Yi P H, et al. Ambient light reduction strategy to synthesize silver nanoparticles and silver coated TiO₂ with enhanced

photocatalytic and bactericidal Activities. Langmuir, 2003, 19(24): 10372 – 10380.

[86] Fatica N, Katz D L. Dropwise condensation. Chemical Engineering Progress, 1949, 45(2): 661 – 674.

[87] Lan Z, Ma X H. Theoretical Study of Dropwise Condensation Heat Transfer: Effect of the Liquid-Solid Surface Free Energy Difference. Journal of Enhanced Heat Transfer, 2009, 16(1): 61 – 71.

[88] Rose J W. Dropwise condensation theory. International Journal of Heat and Mass Transfer, 1981, 24(2): 191 – 194.

[89] Wu H W, Maa J R. On the heat transfer on dropwise condensation. Chemical Engineering Journal and the Biochemical Engineering Journal, 1976, 12(3): 225 – 231.

[90] Liu T Q, Xu D Q, Lin J F. Analogy between Boiling and Condensation Process. Multiphase Flow and Heat Transfer, 1994, 1 – 2: 1096 – 1102.

[91] Rose J W. Dropwise condensation theory and experiment: a review. Proceedings Institute of Mechanical Engineers, Part A: Journal of Power and Energy, 2002, 216(2): 115 – 128.

[92] Graham C, Griffith P. Drop size distributions and heat transfer in dropwise condensation. International Journal of Heat and Mass Transfer, 1973, 16(2): 337 – 346.

[93] Tanasawa I, Ochiiai J, Utaka Y, et al. Dropwise condensation. Preprint 11th Japanese Heat Transer Symposium, Japan: 1974, 229.

[94] Mu C F, Liu T Q, Lu Q Y, et al. Effects of surface topography of material on dropwise condensation nucleation site density. Chemical Engineering Science, 2008, 63(4): 874 – 888.

[95] Haraguchi T, Yoshimi K, Kato H, et al. Determination of density and vacancy concentration in rapidly solidified FeAl ribbons. Intermetallics, 2003, 11(7): 707 – 711.

[96] Fatica N, Katz D L. Dropwise condensation. Chemical Engineering Progress, 1949, 45(2): 661 – 674.

[97] Wenzel H. Der Wrmeübergang bei der Tropfenkondensation. Linde-Ber. Tech. Wiss, 1964, 18(1): 44 – 48.

［98］ Rose J W, Glickman L R. Dropwise condensation — The distribution of drop sizes. International Journal of Heat and Mass Transfer, 1973, 16(2): 411 - 425.

［99］ Tanasawa I, Tachibana F. A synthesis of the total process of dropwise condensation using the method of computer simulation. In: Proceeding of the 4th International Heat Transfer Conference, 1970: 1 - 11.

［100］ 杨春信,王立刚,袁修干,等.珠状凝结是一种典型的分形生长.航空动力学报,1998,13(3): 272 - 276.

［101］ Wu Y T, Yang C Y, Yuan X G, et al. Drop distributions and numerical simulation of dropwise condensation heat transfer. International Journal of Heat and Mass Transfer, 2001, 44(23): 4455 - 4464.

［102］ Sun F Z, Gao M, Lei Y B, et al. The fractal dimension of the fractal model of dropwise condensation and its experimental study. International Journal of Nonlinear Sciences and Numerical Simulation, 2007, 8(2): 211 - 222.

［103］ Yu B M, Cheng P. Fractal models for the effective thermal conductivity of bidispersed porous media. Journal of Thermophysics and Heat Transfer, 2002, 16: 22 - 29.

［104］ Abu-Orabi, M. Modeling of Heat Transfer in Dropwise Condensation. International Journal of Heat and Mass Transfer, 1998, 41(1): 81 - 87.

［105］ 万凯,闫敬春.滴状冷凝中液滴的随机分布特性.中国工程热物理学会,中国工程热物理学会传热传质学学术会议论文集.北京,2003: 341 - 344.

［106］ Yamali C, Merte H. A theory of dropwise condensation at large subcooling including the effect of the sweeping. Heat and Mass Transfer, 2002, 38(3): 191 - 202.

［107］ Doniec A. Flow of laminar liquid film down a vertical surface. Chemical Engineering Science, 1986, 43(4): 847 - 854.

［108］ Doniec A. Laminar flow of a liquid down a vertical solid surface. Maximum thickness of liquid rivulet. Physico Chemical Hydrodynamics,

1984，5(2)：143－152.

[109] Rohsenow W M，Heat transfer and temperature distribution in laminar film condensation. Journal of Heat Transfer，1956，7(8)：1645－1648.

[110] Tanasawa I，Ochiai J. An experimental study on dropwise condensation. Bull. JSME，1973，16(98)：1184－1197.

[111] Lan Z，Ma X H，Wang S F，et al. Effects of surface free energy and nanostructures on dropwise condensation. Chemical Engineering Journal，2010，156：546－552.

[112] Vemuri S，Kim K J，Wood B D，et al. Long term testing for dropwise condensation using self-assembled monolayer coatings of n-octadecyl mercaptan. Applied Thermal Engineering，2006，26(4)：421－429.

[113] 顾维藻，神家锐，马重芳，等.强化传热.北京：科学出版社,1990.

[114] 中华人民共和国国家发展和改革委员会.节能中长期专项规划.北京：中国环境科学出版社,2005.

[115] 国务院法制办.国家中长期科学和技术发展规划纲要(2006—2020).北京：中国法制出版社,2006.

[116] Covey R. Exchanger with a twist. Hydrocarbon Engineering，2004，9(3)：83－84.

[117] 崔海亭，彭培英.强化传热新技术及其应用.北京：化学工业出版社,2006.

[118] 鞠在堂.螺旋扁管换热器.化工装备技术,2003,24(5)：19－22.

[119] 张杏祥.螺旋扭曲扁管换热器传热与流阻特性研究.南京：南京工业大学,2006：8－9.

[120] 朱冬生，钱颂文.强化传热技术及其设计应用.化工装备技术,2000,21(6)：1－9.

[121] Ljubicic B. Twisted Tube Heat Exchangers：Technology and Application. Conference of Latest Advances in Offshore Processing，1999，Aberdeen.

[122] 梁龙虎.螺旋扁管换热器的性能及工业应用研究.炼油设计,2001,31(8)：28－33.

[123] 李春兰.新型高效螺旋扁管换热器的设计与应用.化工机械,2005,32

(3)：162 - 165.

[124] 顾红芳.煤油-空气混合物两相流相变与无相变换热和压降特性的研究.西安：西安交通大学,2000.

[125] Yang S A，Chen C K. Role of surface tension and ellipticity in laminar film condensation on a horizontal elliptical tube. International Journal of Heat and Mass Transfer，1993，36(12)：3135 - 3141.

[126] 尹斌,欧阳惕,丁国良.R134a 外螺纹管水冷冷凝器研究.流体机械，2006,34(7)：65 - 68.

[127] 文敦伟,蔡义汉.锯齿形低肋管冷凝换热机理分析及实验研究.中南矿冶学院学报 1991,22(1)：54 - 60.

[128] 郑钢,宋吉,吴晓伟.微肋管结构对管内冷凝换热影响的研究.制冷与空调,2007,7(2)：80 - 82,85.

[129] 曾东平,梁平.立管冷凝强化传热研究的进展.广东电力,2001,14(3)：4 - 8.

[130] Kumar R，Varma H K，Mohanty B，et al. Augmentation of outside tube heat transfer coefficient during condensation of steam over horizontal copper tubes. International communications in heat and mass transfer, 1998, 25(1)：81 - 91.

[131] Gregorig R. Hautkondensation an feingewellten Oberflächen bei Berücksichtigung der Oberflächenspannungen. Zeitschrift für Angewandte Mathematik und Physik(ZAMP)，1954，5(1)：36 - 49.

[132] Webb R L. A Generalized Procedure for the Design and Optimization of Fluted Gregorig Condensing Surfaces. Journal of Heat Transfer，1979，101(5)：335 - 339.

[133] Combs S K，Mailen G S，Murphy R W. Condensation of Refrigerants on Vertical Fluted Tubes. Oak Ridge National Laboratory Report，ORNL/TM - 5848，1978.

[134] 帅志明.凝汽器采用螺旋槽铜管强化传热的试验研究.中国电机工程学报,1993,13(1)：77 - 22.

[135] Johnson R E, Conlisk A T. Laminar - film condensation/evaporation on a vertically fluted surface. Journal of Fluid Mechanics，1987，184(11)：245 - 266.

[136] Garg V K，Marto P J. Heat Transfer due to Film Condensation on Vertical Fluted Tubes. NPS Report No. NPS69 - 84 - 006，Naval Postgraduate School，1984.

[137] Garg V K，Marto P J. Film condensation on a vertical sinusoidal fluted tube. International Journal of Heat and Fluid Flow，1988，9 (2)：194 - 201.

[138] 陈懋章.粘性流体动力学基础.北京：高等教育出版社,2002.

[139] 张鸣远,景思睿,李国君.高等工程流体力学.西安：西安交通大学出版社,2006.

[140] 潘文全.工程流体力学.北京：清华大学出版社,1988.

[141] 郭永怀.边界层理论讲义.合肥：中国科学技术大学出版社,2008.

[142] 施明恒,甘永平,马重芳.沸腾和凝结.北京：高等教育出版社,1995.

[143] 张兆顺,崔桂香.流体力学.2版.北京：清华大学出版社,2006.

[144] Fujii T，Honda H. Laminar Film Condensation on a Vertical Single Fluted Plate. Proceedings of the Sixth International Heat Transfer Conference，1978，2：419 - 424.

[145] Mori Y，Hijikata K，Hirasawa S，et al. Optimized Performance of Condensers with Outside Condensing Surfaces. Journal of Heat Transfer，1981，103(2)：96 - 102.

[146] 范洁川,等.近代流动显示技术.北京：国防工业出版社,2002.